フランシス・クリック
遺伝暗号を発見した男

マット・リドレー［著］　田村浩二［訳］

フェリシティーに捧げる

祖父フランシス　日本語版によせて

小道から摘んだ花を手にした祖父に肩車をされ、幼い私は祖父の白髪頭につかまっていました。一番気に入っている、祖父フランシス・クリックとのツーショット写真です。この写真を見るたびに、いつも優しさであふれ、笑いが絶えず、そして生き生きと話をしていた祖父を今も鮮やかに思いだします。そんな祖父のことを、小学校五年生のときに先生から百科事典で調べるように言われました。そのときはじめて、二〇世紀の最も重要な科学的発見をし、生命の謎に答えを出した科学者の一人であったことを知りました。

みなさんご存じのとおり、フランシス・クリックは、ジェームズ・ワトソンとともにＤＮＡの二重らせん構造を解明し、その構造から「遺伝情報の保持と複製」という生命の鍵となる機能を導きだしました。この発見と革命的な洞察に対し、一九六二年にノーベル賞を授与されています。しかし、祖父が遺伝暗号の解明に大きく寄与し、現在、分子生物学と呼ばれる学問を先導し、創設した人物であることはそれほど知られていません。祖父とつきあいのあった科学者たちは、祖父が問題の核心をとらえ、知性に対して寛大であり、科学に対して熱狂的に取りくんでいたと口をそろえていました。生命と思考に関する生物学的な基礎についての、最も本質的な問いに対する答えを見つけようと情熱を注ぐ人にとって、祖父は励みであり、試金石でありました。祖父のエネルギーについて、私の大好きな作家であり、祖父との会話を最初に描いたオリバー・サックスは「知的原子炉の隣に座っているような感じ……私はそのような灼熱した気持ちを感じたことは決してなかった」と見事に表現し尽くしてくれました。

祖父には、生涯、こうした活力がみなぎっていました。六〇歳にして理論神経科学に方向転換し、その後二八年間、人間の意識についての研究を進めました。私が一番よく知っている頃の祖父です。白いふさふさした眉毛を生やし、笑い声を響かせ、目にはにこやかな輝きを湛えていました。私が一〇代前半の頃、祖父はカリフォルニアのソーク研究所のオフィスに連れていってくれました。壁には使い古された黒板とチャールズ・ダーウィンの肖像画があり、サイドテーブルにはＤＮＡと脳の模型がありました。私は自分が何を期待していたのかは記憶が定かではありませんが、試験管や顕微鏡が並ぶ研究室ではありませんでした。実験器具はイギリスのケンブリッジに置いてきていたのです。ソークで何をやっているのか教えてと聞くと、祖父はただ「考えている」と言いました。

祖父は啓蒙的であり、世界中からひっぱりだこで、日本での会議にも何度か講演に行ったことがありました。一九八一年秋には祖母のオディールと京都の荘厳な庭園を堪能しました。篠田桃紅、田嶋宏行、高橋力雄といった、穏やかな美を映しだした素敵な版画家の作品が、カリフォルニアの丘の斜面に建つ祖父母の家の壁に飾られていたのをよく覚えています。

祖父がクリストフ・コッホとの間で考えを熟成し、科学者たちを集めて、意識という科学最大の謎に取りくんだのも、この家であり、ソークのオフィスでした。彼らが探求したのは、意識のニューロン相関――つまり、動物に意識を与える神経の回路――を発見することでした。私は幸運にも、祖父が話を聞き、質問をし、濃密な対話をする科学者たちとの食事の席に加わる機会がありました。親しみやすい空気の中で意見を交換し、参加していた人たちを素晴らしくも予期しない方向に導きながら、新しいアイディアを生みだす、るつぼのような空間でした。

京都にて

ときには、アンザボレゴ砂漠の祖父母の家にも旅行をしました。ここは祖父彼らはそこで本格的にガーデニングをしていました。ここは祖父にとって、まさに平和のオアシスで、ハイキング、読書、思索に明け暮れていました。砂漠の中は驚くほど静かで、天の川が透明な夜空に輝いていました。フォンツポイントの崖の端に座り、くねくねした丘の迷路とその下の尖った山の背に、ゆっくりと太陽が沈むのを祖父と一緒に眺めました。光と影が、この魅惑的な背景を作りだし、その形だけでなく、見るからに不可解な神秘さが、脳の深いところに潜むひだを思わせるようなカンバスでした。

私は、勁草書房と、祖父の伝記を心をこめて日本語に翻訳してくださった東京理科大学の田村浩二教授に深く感謝いたします。

マット・リドレーは祖父を動かした問いと人生を描いています。大成功や失敗、そして彼の文章にあふれる科学への情熱は、人生に潜むたくさんの謎を探検するときにきっと励ましになります。祖父は、深遠な発見が平凡な発見より難しいものではないと信じていました。「自然は重要な問題を難しくするというようなたくらみはしない。だから、人生に限りがあるなら、志を高くもて――本質的な問題を追求せよ」。

オレゴン州ポートランドにて

キンドラ・クリック

フランシス・クリック
遺伝暗号を発見した男

目次

＊著者による補足は［］、訳注は〔〕で入れた。

プロローグ

生命

一九六六年六月八日、ロングアイランド北部の海に面した有名なコールドスプリングハーバー研究所。そのブラックフォードホールの芝生の上で開かれたパーティー。豪華なロブスターの次には、ビキニ姿のフィフィという女の子が巨大なケーキからぽんっと飛びだしてきた。こんな演出は科学者の集まりでは普通お目にかかれない。しかし、奇抜な仕掛けもかまわない。どんな科学者でも「自分が会った中で最も賢い人物」と評するフランシス・クリック、五〇歳の誕生日だからだ。そしてまた、彼が生みだした「遺伝暗号」という、科学の新しい概念が産声をあげた日でもある。クリックは、DNAという辞書に刻まれた三文字の言葉からタンパク質を正確に作りだす、いわば暗号表を完成させたばかりだった。そんなはずはない――。ずっとこう思っていたが、その暗号はすべての生物にあまねく存在し、すべての生物がただ一つの共通祖先にたどりつくことが明らかになった。だからこそ生物は生き続けてきた。その暗号こそ、タンパク質の合成を指示することによって、過去から未来へのメッセージを、また、食べた物からわれわれがどのように生体を作りあげるのかというメッセージを運んできた。それはまさしく、彼が二〇年ほど前から意識して取りくんできた、生命と非生命との違いを定義するものだった。

その日、クリックは科学界の頂点に立っていた。暗号を解読するための決定的な実験を行った者もいれば、メッセンジャー、アダプター、三連文字としての暗号など、重要な発見の興奮をともに味わった者もいるが、クリックだけはすべてにかかわっていた。言ってみれば、最強の理論的思索家であり、最高の探偵であった。疲れを知らない懐疑主義者であり、声が一番大きい論客であり、科学オーケストラの指揮者だったのだ。一三年前、彼とジェームズ・ワトソンは、遺伝子を構成しているDNAの構造に遭遇したとき、そこに暗号そのものが存在することを突如発見し、一躍有名になった。いまや、その暗号の正体までもが解読されたのだ。ウサギには、わずか四種のアルファベットのどれかが並んだ三文字の組みあわせが連なる長いメッセージがある。だから岩とちがうのだ。ウサギがヒトとちがうのは、そのメッセージの中の文字の配列がちがうからである。生命はシンプルだった。クリックの心の中にはずっと、「解明すべき謎」のリストがあった。そのリストから項目が一つ消えた。「生命」と「意識」というたった二項目の短いリストのうち、「生命」は解決したのだ。

幼いフランシス・クリックは、自分が大人になる前に、すべての謎が解明されてしまったらどうしようと心配していた。アーサー・ミーの『児童大百科』を開くと、科学が導きだす意外な答えの世界が広がる。引きこまれたフランシス少年は、ずっと自分自身で何かを発見したがっていた。だが、ほかにも何か残されているのだろうか? 「心配しないで」。母親は言った。「見つけるべきものはまだたくさん残っているわよ」。

第1章

クラッカーズ

フランシス・ハリー・コンプトン・クリックは一九一六年六月八日、第一次世界大戦の真っ只中に産声をあげた。その前日、イギリスの著名な陸軍大臣キッチナー卿がロシアへ向かう巡洋艦上で殺されたというニュースが飛びこんできた。クリックの生後数週間でソンムの戦いが始まり、初日だけで二万人ものイギリス人の命が犠牲になった。だが、戦争をめぐるあらゆる死とは無関係に、クリックは、イングランド・ミッドランド中部ノーサンプトンというごく普通の町の、ホルムフィールド通りに建つ家で生まれた。ノーサンプトンはイギリスの靴産業の中心地であり、クリックの父親も靴職人である。クリック家のある通りには、靴作りの作業場や工場があふれ、皮のエプロンをつけた職人がハンマーを打ち、靴底や踵や甲革を縫いつけていた。ちょうど靴作りがだんだんと機械化された時期でもあった。靴の甲革を靴底に縫いつけるのではなく、鋲で固定する方法に改良され、レスター市に住むトーマス・クリックが一八五三年に特許をとっていた。トーマス・クリックはフランシスの先祖ではない。しかし、トーマスの成功は、後に登場するフランシスたちにとって幸運だったのだろう。めぐりめぐって、フランシスは大きな富を受けとることになった。

クリック家のY染色体は二世紀の間、いや、おそらくはもっと長い間、その地に留まっていた。クリック姓はミッドランドでは珍しくない。ノーサンプトンシャーのクリック村がその起源だろう。フランシスの曾祖父チャールズ・クリックはかなり豊かな農民で、一八六一年には、ハンスロープ村近くピンドンエンド農場の二三一エーカーもある土地に、二〇人の農夫を雇っていた。ノーサンプトンから一〇マイルほど南にあり、レース編みで有名なところだ。チャールズの次男、ワルター・ドゥローブリッジ・クリックは一八五七年生まれで、ロンドンアンドノースウェスタン鉄道の商品部門に勤めた。その線路が父親の農場を二つに分断して通っていた。ワルターはすぐにスミードアンドワレンという靴屋に転職し、外商に出歩く。一八八〇年、二二歳で仲間二人と一緒に、ブーツと靴の工場を始めた。ノーサンプトンのグリーン通りにあったラティマー・クリック・ガンである（ハンスロープには、クリック名、ラティマー名の墓地がいくつもあるので、ラティマーはおそらく家族の友人だろう）。工場は好調で、インドのマドラスまで手広く商売をした。一時はロンドンにも店を五つ構え、後にソンムの戦いで命を落とすことになる若者たちの軍靴も製造した。一八九八年までにウィリアム・ラティマーとトーマス・ガンは手を引き、ワルター・クリックだけが経営者となった。商売は見事にあたり、ノーサンプトン東部のビリング通りに、ナインスプリングズヴィラという頑丈な石造りのマンションを建設するまでになった。しかし、五年後、心臓発作を起こしてワルター・クリックは四七歳の若さで亡くなり、妻のサラはその後三一年間未亡人として生活した。このサラと、四人の息子のうちワルターとハリーが、会社を引き継ぐ。彼ら二人は大恐慌で失敗するまでこの商売を続けた。

フランシスの祖父ワルターの靴に対する独特の非常に熱い思いは、もちろん儲けを生みだす一方で、科学に対する情熱や、化石、本、切手、コイン、磁器、家具の収集熱も生みだしたようだ。友人は彼を、エネルギッシュで議論好きな人物とみていた。「ワルターは、まさに最初から切り札を出すように、念入りに溜めてきた新しい話をすぐさまはじめたがった」。彼の孫にもあてはまりそうな評価である。同時に、地元ではよく知られていたアマチュアの博物学者であり、ついには、ノーサンプトンシャーのジュラ紀ライアス世にいた有孔虫類の論文を二部立てで書き、二種類の腹足類動物には自分にちなんだ名前をつけた。自分の足で、あるいは自転車でノーサンプトンシャーの小道を回り、化石を集め、岩をひっくりかえしてはかたつむりを探したりもした。そして、小さな軟体動物が、二〇世紀最高の生物学者の祖父にあたるワルターと、一九世紀最高の生物学者であるチャールズ・ダーウィンをかすかにつなげてもいた。

ことの起こりは真冬だった。一八八二年二月一八日土曜日、ワルター・クリックは水生の甲虫を探しに出かけていた（たしかに、冬にしては奇妙な行動である）。私たちが彼の真冬の探索行動を知っているのは、躊躇しつつも、彼が自分の発見についてダーウィンに手紙を送っていたからである。ワルターはこの偉大な進化学者にこう書いた。「小さな二枚貝［ザルガイ］が足にとても強く付着した、メスのゲンゴロウモドキを手に入れました。この貝はドブシジミではないかと思います」。ダーウィンは三日後、質問を書き連ねた返事を送っている。貝殻の長さと幅、いくつの足（どの足？）にくっついているのかを知りたかったのだ。そこには『ネイチャー』に話をしてみたらどうかという提案もあった。（筆跡から判断するかぎり）初歩的な教育しか受けていない、鉄道職員から転身した靴屋にとって、ダーウィンからの返事は、さぞかし心が高ぶったにちがいない。ワルターは甲虫と貝も送った。両方とも生きたまま届き、ダーウィンは、この「すぐ簡単に死ぬかもしれない哀れな」虫を、細かく刻んだ月桂樹の葉が入った瓶に入れた。二つの資料を貝の専門家に送って同定を頼んだがあいにく不在で、おそらく使用人が雑に触ったのだろう。壊れた状態で戻ってきた。ワルターは土曜日にまた同じ池へと行き、同じようなザルガイが足に付着した死んだカエルを見つけた。四月六日、ダーウィンはこのザルガイについての論文を『ネイチャー』に発表した。この種の軟体動物はほかの動物に乗せてもらって池から池へと移動しているのではないか。長い間信じられてきた説を、見事に証明するものだった。これがダーウィンの最後の出版物となり、その一三日後に亡くなった。

ワルターとサラ・クリックは、一八八六年から一八九八年の間に、五人の子どもに恵まれた。エドワード七世時代の比較的平和で自由なイングランドが消え去る頃に、彼らは大人になる運命にあった。同時に三〇年もの長き戦争や不景気に見舞われ、失望を共有することになる。靴会社専務の長男ワルターは、一九三〇年代半ばに家業を行き詰らせ家族から非難を浴びた。ノーベル賞受賞者の化学者フレデリック・ソディは、銀行が負債を一〇〇パーセント補塡する資金を保てなくなると経済危機が起こるといういわくありげな新理論を擁護していたが、ワルターが非難された原因の（あるいは結果の）一つはこの理論に強く興味を示したからかもしれない。一九三九年、ワルター・クリックはソディと共著で『借金に溺れたくなければ個人財産を廃止せよ』と題した薄い本を出版し、世界をあおった。

ワルターは第二次世界大戦のはじめにアメリカに移住し、ライバル靴会社の販売員として余生を送り、その後カリフォルニアでオレンジ農場を立ちあげた。そして、このワルターの弟である次男ハリーがフランシスの父である。ワルターが工場を動かしたのに対し、ハリーはロンドンで店を経営した。しかし、工場が失敗して、ハリーは子どもの寮費も捻出できないほど困窮してしまった。三男のアーサーは家業を諦めてケントで薬剤師として全力投球し、消化不良に効く制酸剤を作った。これがよく売れ、店もたくさん出した。こうして、甥のフランシスが大学院を続ける費用を肩代わりする余裕ができ、フランシスが科学を諦める事態は避けられたのだ。四男のウィリアムはキングスオウンヨークシャー軽歩兵隊の少尉として奉職したが、一九一七年、アラスの戦いで戦死。二〇歳の若さだった。末娘のウィニフレッドは皮革会社オーナーのアーノルド・ディッケンズと結婚し、ノーサンプトンに留まった。彼女は四人の子どもを産み、晩年までかくしゃくとしていた。

フランシスは博物学者の祖父のことは何も知らなかったが、伯父のワルターも科学に興味をもっていた。ワルターは幼いフランシスにガラス吹きを教え、庭の小屋で（年齢不相応の）危険な化学実験もやらせた（二〇世紀の科学者の幼少時代には、小屋や屋根裏部屋で爆発がよく起こった。しかし進化生物学者のビル・ハミルトンとはちがい、クリックは指を失わずにすんだ）。フランシスの父ハリーは陽気な男で、科学よりもテニスやブリッジや園芸に入れこんでいた。一度はウィンブルドンに出場できたもののの、すぐに敗れてしまった。息子たちはハリーの才能を受け継ぎ、フランシスは学校でテニスチームを作り、弟のトニーは地方大会まで進んだ。だが、フランシスは、やはりテニスにはまっていたジェームズ・ワトソンに出会うずっと前に、テニスをやめてしまっていた。

ハリー・クリックは一九一四年にアニー・ウィルキンスと結婚する。ハリーと同じく、彼女も実業家の子であり、衣料品店の経営で成功したＦ・Ｗ・ウィルキンスの五人の子どもの一人だった。しかし父親はアニーと妹のエセルに、ウィルトシャーのトゥローブリッジにあるウィルキンスアンドダーキングという店だけを継がせ、ほかの店はすべて店長たちに買わせた。残りの兄弟は株を売った。ウィルキンスが作ったお金のおかげで、フランシスの暮らし向きはだんだんよくなっていった。最終的に叔母のエセルは、ケンブリッジの家までフランシスに残してくれた。エセルは教師であり、アニーは看護師。二人とも強烈な性格で、長い間独身だった。アニーはまるで取り憑かれたかのように健康に気を遣い、ほぼ完全に禁酒を貫きつつ、健康のために医者からスタウトを飲むように言われると、ベッドで鼻をつまみながらも飲んだ。三五歳のとき、一〇歳年下のハリー・クリックといきなり結婚し、フランシスとトニーという二人の息子を産む。家の伝統にしたがって、「一番になる」ようにと叔母のエセルが生まれたばかりのフランシスを家のてっぺんに連れていった。

フランシスは裕福な中産階級の習慣と記憶の中で成長したが、お金に恵まれていたわけではない。二〇世紀の難しい時代、クリック家の富が消えてなくなったように宗教も衰えていった。クリック家は、ダーウィン家同様、ユニテリアン派の非国教徒だったが（ユニテリアン教会は物事を疑うことで定評があり、科学者を生みだす苗床となっていた）、地元の牧師と論じあった上で、ユニテリアン派を離れ、ノーサンプトンのアビントン通りにあった会衆派教会に加わったのだ。アニーもまた会衆派教会信者だった。ハリーは教会の事務員になったものの、二人ともとくに信心深くはなかった。ハリーは日曜の午後にときどきテニスをしていたが、教会のメンバーの前では口にしないよう、幼いフランシスに言っていた。したがって、フランシスが生涯にわたって徹底して無神論者だったのは、子どもの頃に強要された信仰に対する反乱ではありえない。一二歳になると突然教会に行かなくなり、母親はしばらく動揺していた。だが、最終的に誰かの気を揉ませて困るような結果は招かなかった。教会の寄宿学校に行き、聖歌隊で歌い、説法を聞きながら座っていることは、懺悔ではなく儀式にすぎない。フランシスは非論理的な説法を聞いてもなんとも思わず、むしろおもしろがっていた。

聖書の主張に間違いがあることが科学的に明らかな以上、信仰はもてないと、彼は固く信じていた。回顧録の中でこう書いている。「もし聖書に明らかな間違いがいくつかあるのなら、どうして、聖書の残りを機械的に受け入れられるだろうか？」。この問いかけは二重に作用する。信仰の喪失が、同時に彼の科学への気持ちに拍車をかけた。「不幸にも子どもの頃に信仰をもっていたという痕跡の一つを取り除いて、宇宙で真実を見つけだすことよりも重要なことはあるのだろうか？」。

早熟な無神論者になり、事実と科学に魅せられ、確信をもって疑い、数学のたしかな才能にあふれる。まばゆい才気のサインが、フランシスからほとばしっていた。しかし、一六歳を前にして大学に入った後の共同研究者ジム・ワトソンやシドニー・ブレナーとはちがい、クリックは神童ではなかった。人生の最初の三五年間に、少なくとも業績において注目すべきものはない。一九三〇年、彼はロンドン北部近郊のミルヒルスクール（彼の父と三人の叔父たちも通った非国教徒の学校）に入るために、ノーサンプトングラマースクールから奨学金をもらったが、とくに目立っているわけではなかった。学校の友だちによれば「外向的で、適度に風変わりで」、スエード皮の靴を履いていた。そして「クラッカーズ〔変人〕」と呼ばれた。フランシス独特の大きな笑い声には、誰しもどきっとさせられる。学校長がこの笑い声の洗礼を受けた最初の人物だった。フランシスは学校のテニスチームに入り、数学や科学が得意で化学賞を受賞したが、決して完璧ではなく、オックスフォード大学やケンブリッジ大学には入れなかった。ボーアの原子理論に量子力学をもちこみ、周期表を説明する講演をしたことはあっても、後にオリバー・サックスに伝えたように、自分自身がどれほど理解していたかは定かではなかった。

結局、一九三四年に物理学を学ぶためにロンドン大学ユニバーシティカレッジ（UCL）に落ち着き、三年経って不本意にも平均的で平凡な学士になっただけだった。両親は、弟のトニーがミルヒルスクールに通う学費を工面するため、ロンドン北部に引っ越してきていた。おかげで、フランシスは自宅から大学に通うことができた。UCLは一八二六年に設立され、「ガウアー通りの神なき研究機関」と呼ばれるくらい無宗教教育をしていた。学部時代からの親友ラウル・コリンヴォーとは、その後アパートをシェアし、ラウルは法廷弁護士になった。裕福だった叔父のアーサーが経済的に支え、クリックは、エドワード・ネヴィル・ダ・コスタ・アンドレード教授のもと、UCLの博士課程に進学した。アンドレードはアーネスト・ラザフォードのかつての同僚で、当時よく読まれた『原子の構造』を執筆し、後に『タイムズ』の科学特派員になった人物である。小柄だが着こなしは完璧、詩を好み、とげがあるが機智に富む座談の名手であるアンドレードは、クリックのように好奇心旺盛な若い学生にとって、申し分のない教授にみえた。しかし、双方が満足する関係にはなれなかったようだ。アンドレードは流体や粘性、漸動の数学に興味があり、クリックにとって「考えうるかぎり最も退屈な問題」である摂氏一〇〇度と一五〇度の間で圧力をかけられたときの水の粘性を測定させた。振動する銅製の測定装置を組み立てるのがいくらかおもしろかったのと、二年めに自分の仕事で賞を獲得したことを除けば、「まったく時間の無駄だった」と回想している。

クリックは、ドイツの軍人ヘルマン・ゲーリングのおかげで粘性実験の苦しみから解放された。戦争が勃発した一九三九年、UCLの物理学科はウェールズに疎開したが、クリックは家族といることを選んだ。ミルヒルスクールの生徒もウェールズに移り、人のいなくなった学校のコートで、戦争が勃発したというのに最初の数週間は弟とスカッシュをして過ごしていた。だが一九四〇年初頭、どうにか英国海軍本部の研究職に就くことができた。後に、機雷（飛行機からパラシュートで落とされた海軍の磁気機雷）が、注意深く組み立てられたUCLの粘性測定装置に見事命中すると、クリックはかなりほっとしたものだった。

海軍本部でクリックは、UCLの教授であり、やはりラザフォードの友人であったハリー・マッセイのもとで働いた。オーストラリア人の金採掘者の息子であったマッセイは、量子力学と原子衝突の専門家で、一九三八年に数学のゴールドシュミット記念教授として、UCLに赴任していた。マッセイの仕事は、小規模なチームを率いてまず磁気機雷を取り除き、次に逆に敵を打ち負かす磁気機雷を設計することだった。イギリスでは一九一七年に最初の磁気機雷が発明されていたのに、それが海軍と空軍のどちらのものかにこだわったため、開発は行き詰まってしまった。それゆえ、一九三九年秋に、ドイツ軍がチャンネル海岸やテムズ川の河口に機雷を撒きはじめたとわかり、もたもたしている間に先を越されたことを嘆くしかなかった。磁気機雷は海底に置かれ、地球の磁場の局所的な変動を検出すると、（沈んでいく圧力によって）起爆装置が作動するようにしてあった。鋼鉄製の船は、地球の磁場の向きを北極方向からわずかにずらす。機雷の真上に船が位置し、水深がかなり浅ければ、この磁場の変化で機雷は起爆してしまう。一九三九年一一月には、二〇万トンもの船舶が機雷によって沈められ、ロンドン港はすべて閉鎖された。誰も口には出さなかったが、イギリス政府は絶望的状況だった。犠牲者数だけを見れば多くはなく、驚くほど快適な「まやかし戦争」だったけれども、実際、この一か月間は、真に危機的状況にあった。一一月二三日の夜、満潮時のシューベリネス近くで、ドイツの水上飛行機からパラシュートが落とされているのが目撃されたのは幸運だった。沿岸警備隊員は素早く判断し、翌朝四時の干潮時には落下物体を確認できるだろうと胸を撫でおろした。そのとおり、潮が引いた頃、二つの機雷が現れた。構造を調べるために、爆発しないようにそっと信管が取り除かれた。もし船が通りすぎると、S極にわずかに重みがかけられた磁気針がN極方向へ沈み、回路を閉じて起爆装置が作動してしまう。科学者たちは、その後、磁気機雷を取り除き、鋼鉄製の船を守る仕事をすることになった。クリックが雇われたのはこのためだった。まもなく、木製ボート二艘の後ろにつないだ電線を用いれば、機雷の爆破に有効だとわかった。そこで、造船ドックの巨大なコイルを使い、鋼鉄製の船の磁場をS極から一時的に動かして「消磁」することで、船が壊されないようにしていったのだ。

一九四〇年二月一八日、仕事を始めたクリックは、英文学で学位をとったUCL学部時代の同級生ドリーン・ドッドと結婚した。彼女は背が高く金髪で、顔の大きい、トバイアス・スモレットの小説に出てくるような雰囲気の女性であり、労働省で事務員として働いていた。戦時中だったので新婚旅行には行かず、セントパンクラスの登記所に届けを出しただけの控えめな結婚だった。一一月の集中的な軍事攻撃の最中に、息子マイケルが誕生した。空襲は避けられなかった。クリックはテディントンにある海軍研究所の研究室に通っていた。この研究室にあったチームは、後にウェストリーと呼ばれる、南部海岸ハヴァント近郊のリージェンシーカントリーハウスの機雷開発部門本部に移った。彼の仕事は、敵の機雷対応から、機雷開発へと変わった。ドリーンと息子のために近くにおんぼろの家を借りたが、この頃は苦労が絶えなかった。近くのポーツマスは毎晩のように爆撃され、南部海岸は行動が厳しく制限されていた。クリックは機雷開発部門の若手だったが、必ずしもチームに忠誠を尽くすわけではないという強い信念が垣間みられた。階級がすべての年配海軍士官は、この普段着のみすぼらしい若者から「あなた方の言うことはまったくナンセンスである」と言われて面喰らった。ただし、若かろうがクリックはMXというコードネームをもったチームのれっきとしたリーダーであり、十数人の部下を抱えていた。彼らの仕事は機雷の爆発方法を変えることではなく、機雷を起爆させる回路をいじることだった。その方が敵をやっつけるには有効だった。

戦争が進むにつれて、クリックは自分が戦略や知的な探求にのめりこんでいくのがわかった。ある日、占領した港のバーで、少し気を許しすぎてしまったドイツ人の船員が、自分の船は船首に巨大な磁石を積んでいるとうっかり漏らしてしまった。誰かがこの一言を、英国海軍情報部に伝えた。現れた問題の船はシュペレブレヒャーと呼ばれ、ほかの掃海艇よりもはるかに大きく、重厚に武装されていた。この船の船首には、機雷を爆発させるために五〇〇トンの電磁石が備えられていた（ドイツの垂直場型磁気機雷でなく、イギリスの水平場型にだけうまく作用する仕組みだった）。マッセイは、対策をクリックに尋ねた。クリックはすぐさま、非常に強い磁場にだけ反応する特別に鈍感な機雷を使って、シュペレブレヒャーの前方でなく、ちょうど真下で爆発させることを提案した。しかし、この機雷だと普通の船にはまったく影響を与えない。そのため海軍士官たちは、ほかの敵船を攻撃できない機雷を配備する意味がわからなかった。それでもクリックはこの方法にこだわった。ただしこの計画には、シュペレブレヒャーに積まれた磁石の正確な強さを知る必要があったが、誰もどうすればいいか思いつかない。ほろ酔いの船乗りたちに聞いてもそらんじるどころか、知っていそうにもなかった。そこへ幸運がやってくる。一九四二年七月のある日、ロリアン上空で英国空軍（ＲＡＦ）の偵察機が、機雷爆発直後のシュペレブレヒャーの写真を撮ることに成功したのだ。二枚の連続写真には、機雷が爆発したときに円形の波が現れ、船の航跡が分断されている様子が写っていた。ここから船の速度、水深、機雷のサイズ、円形の波の直径を計算し、クリックと同僚たちは、シュペレブレヒャーの磁場の強さを正確に求めた。

発動装置の中継器に抵抗を配し、感度を弱めた特別の機雷をポーツマス沖で試すと、これがうまくいった。ＲＡＦは、写真に写ったシュペレブレヒャーが巡視する海域に、この機雷をいくつか配備した。二週間もしないうちに、シュペレブレヒャーは海底に沈んだ。終戦までに一〇〇隻以上を沈め、ドイツの海域が攻撃しやすくなったのみならず、ドイツは高価な大型船を浪費する結果となった。途中から、ドイツや連合国の海軍は、船のエンジン音に反応して起爆する音響機雷に頼るようになったが、クリックは音響機雷に対しても同じ策略を繰りかえし講じた。彼の「特別な」機雷は、感度はよくなかったが発見するのが難しく、普通の非接触型機雷に比べて、船を沈める効果が五倍もあった。戦後何年間か、クリックは罪悪感と、少なくともそうせざるをえなかったという気持ちを入りまじらせながらも、自分の「功績」をたしかに誇りに思っていた。

一九四三年にマッセイが、ウラニウム同位体を分離する仕事のためにバークレーに引き抜かれたとき、クリックは、数学が専門のエドワード・コリングウッドに連絡をとった。コリングウッドはケンブリッジ大学の教師であり、一九一六年のユトランドの戦い直前に起きた事故の後、英国海軍を免役されていた。コリングウッドはクリックの才能を認めて、おもしろい課題を出した。二人は友だちになり、週末になるとリルバーンタワーというノーサンブリア〔イングランド北部の古王国〕風の豪邸にクリックを招いた。一九四四年から一九四五年にかけての冬に、クリックは突然、はじめて海外に出る機会に恵まれた。その頃、ドイツ軍の最新武器は潜水艦から発射された音響魚雷、すなわちナット（Gnat）であり、船のエンジン音を狙うものだった。それまでナットを無傷のまま回収する試みはどれも失敗していた。しかし、一九四四年七月三〇日、事態が動いた。ドイツのUボート〔ドイツ海軍の保有する潜水艦の総称〕U250が、ボスニア湾でロシアの潜水艦捜査船を攻撃して沈没させた。ほとんどのロシア船は沈んだが、一隻がUボートに水中爆雷を命中させ、Uボートは浅海に沈んだ。フィンランドで魚雷艇や海岸の砲列からの激しい攻撃をかわして、ロシア人はUボートを引きあげ、音響魚雷は無傷のままクロンシュタットの海軍基地に運ばれた。当初ロシアは、捕らえた「獲物」の技術的な詳細について同盟国と情報を共有することを拒否していた。しかしイギリスはナット調査団の派遣を要求した。揉めに揉めて大幅に遅れた一九四五年二月、コリングウッドとクリックが、ロシアの飛行機でカイロを経由してペルシアへ飛び、次にバトゥミ、そしてモスクワへ向かった。移動の間、クリックはいわゆるTフォース（「テクニカル（technical）」のT）海軍少佐級の制服を支給されていた。そして、制帽だけはずっと手元におき続けた。一九六〇年代、地中海の船旅で、その制帽を再び手にすることになる。

モスクワで、クリックとコリングウッドはムルマンスクの小さなイギリス駐屯地から派遣された二人の英国海軍士官に会った。その一人ロバート・ドゥーガルとクリックは親しくなった。ドゥーガルは自伝の中で、クリックと最初に会ったときのことを回想している。「一人は背の高い、砂色の髪をした若者であり、少し前屈みに歩いていた。とにかく何に対しても極端におもしろがるような人物で、時折、ロバの鳴き声よりもかん高い笑い声を爆発させていた」。一行はレニングラードへ向かい、クリックは通訳のドゥーガルとともにペトロパブロフスク要塞で二週間過ごし、音響魚雷の中の回路を解析しようと取りくんだ。その後モスクワに戻り、二週間かけて、海軍本部宛の報告書をまとめた。そして、ドゥーガルは鉄道で北へ向かい、クリックは南へ飛び、ペルシアを経由してイギリスへ戻った。

第2章
三人の友だち

戦争が終わる頃、フランシス・クリックの人生に三人の人物がかかわってきた。人生の幕を閉じるまで、この三人の誰一人も欠かせず、偉人クリックが生まれる過程に大きな影響を与えた存在だ。三人の名前は、ゲオルク・クライゼル、オディール・スピード、そしてモーリス・ウィルキンス。クライゼルは、クリックのいわば知的共鳴板となった最初の人物である。クリックの才能は、生涯ずっと二人一組のペアとして活かされた。選ばれた友人とマラソンを走るかのように延々と会話を続け、問いを立てては正しい認識をめざしていく、まるでソクラテス的対話のようだった。共鳴板となる相手がいないと、誰の目にもクリックは困って見えた。クライゼルが最初にその役割を果たし、ゆくゆくはその役をジム・ワトソン、シドニー・ブレナー、そしてクリストフ・コッホが演じた。

ゲオルク・クライゼルはクリックより七歳年下でも、弟子ではなく師匠であった。彼は、オーストリアで中流ユダヤ人家庭に生まれたが、オーストリアがドイツに併合される前にイギリスの学校に行かされ、ケンブリッジのトリニティカレッジに進み、ウィトゲンシュタインの友だちになった。おそるべき数理論理学者であり、後年、証明論の研究で非常に大きな貢献をした。そして、その手の人にはよくあるとおり、常軌を逸した風変わりな人物だった。クライゼルはたいていスーツケース一つで、居場所を定めずに暮らしていた。毎晩九時にベッドに入り、冷蔵庫のスイッチも切った完璧な静寂の中で、窓を覆うようにピンで暗幕カーテンを留め、真っ暗闇にして寝入った。一九五〇年代後半にフリーマン・ダイソンの妻ヴェレナ・フーバーと同棲した数年間を除けば、大聖堂やリビエラ海岸のリゾート、そして金持ちジェット族がよく行く城をたびたび訪れ、異性をくどき落とそうとし、流浪の独身生活を送った。海岸で誰彼かまわず女性に誘いをかけたが、その成功率はせいぜい一割。料理が得意で、ケンブリッジのクリックの家ではひたすら食事を作っていた（彼は前の料理がすべて食べ終えられていないと、次の料理を作りはじめないというスタイルだった）。しかも上半身はすっかり裸で。そしてクリックが有名になるや、時折クリックのまねをした。クリックがそのものまねを知ったのは、あるスペイン人からの手紙に「フランシス」（つまりはクライゼル）と一緒に写った写真が同封されていたからだった。さらに厚かましくも、「旅行中は、しょっちゅう君の名前を使うよ」と書いてある。モロッコの海岸で逮捕されたときには、警察でクリックの名前を騙っていたのだ。

クリックは、一九四三年のある晩、ウェストリーにあるカフェテリアでこのただものではない人物に出会った。クライゼルはトリニティカレッジから直接コリングウッドに採用されたが、後にロンドンへ移り、ノルマンディー上陸作戦でよく使われた仮設のマルベリー人工港へ波がどう影響するか、計算をした。クライゼルとクリックは、二人ともテーブルにつく三人めの人物である化学者が言うことには意味がないと考え、お互いすぐに好感をもった。彼らの友情は発展し、クリックは後年、「自分に正しく考えることを教えたのは、この年下の男だった」と言ったほどである。「クライゼルに出会ったとき、私はオスカー・ワイルドのような、機智と逆説かぶれ気味の粗雑な頭の人間だった。彼は如才なく、しかし厳しく、私の不用意さを非難してくれた。そのおかげで私はより論理的に、そして、よりきちんと整理して考えるようになった」。おしゃべりなクリックに、頭に最初に浮かんだことを口に出すのではなく、「もっと鋭い筋立て」を見つけるように説得したことを指しているのだとクライゼルは思っている。

クリックの頭脳は、抽象的な思考もお手の物だった。クライゼルは、クリックが石取りゲーム必勝法を第一原理から組み立てるのを見ていた。ただし、その抽象化はいつも経験論的な事実とつながっていた。クライゼルのような数学者からすると、クリックはおもしろみの少ない、単なる平凡な思索家だったが、おそらくはだからこそクリックはあれほどのことをなしとげたのだろう。クリックはそのときもその後も、哲学にはまったく敬意を抱かなかった。経験論的な事実に気を留めることもせず、強制しないかぎり決して心を変えないような人びとが思い思いに吐きだす意見そのものが、まさに哲学であるとクリックは考えていた。しかし、クライゼルだけは考え方が非常に数学的なので例外だった。一九四五年春、クリックとウィトゲンシュタインがトリニティのウィトゲンシュタインの部屋で議論していたと、クライゼルはかつて述べている。二人の話題は、驚いたことに選挙だった。国民が強制収容所の恐怖に慣れてしまうことを怖れて、首相のチャーチルが夏の選挙運動の際に強制収容所の映像を使ったことや、援助物資をオーストリアにいる自分の家族に送りづらいことに対して、ウィトゲンシュタインは不満を述べていた。クリックはこの偉大な男に対してもなんの恐れも示さず、選挙は国内問題の結果に対して決まるものだと議論し、両方の懸念を捨て去った。

また、クリックを型にとらわれない人間にしたのもクライゼルだろう。戦争がクリックという人物を作りあげはしたが、とにかく大学を出たまともな若者とはことごとくちがっていた。終戦後、クリックはピムリコ地区のセントジョージスクエア五六番地にある平屋アパートに住んでいた。その頃にはドリーンとの結婚はほころびてしまっていた。彼女はまだハヴァントにいたが、カナダ人兵士のジェームズ・ポッターと恋に落ち、一緒にカナダへ戻って結婚してしまったのだ。四歳のマイケルはノーサンプトンの祖父母のもとへ送られ、育てられることになった。ロンドンへ移った後、ドリーンもまたピムリコでアパートの入り口右側の寝室一つ《ワンベッドルーム》の部屋に住んだ。一方、クリックとクライゼルは、入り口左側の寝室二つ《ツーベッドルーム》の部屋だ。クライゼルが一九四六年に出ていくと、ロシアで出会った友人のロバート・ドゥーガルが、この部屋に住むようになった。彼らはウェールズ出身の家政婦を雇い、朝食を作ってもらった。クリックは徒歩か自転車で海軍本部に通う。ドゥーガルは海軍を辞めて、戦前同様ＢＢＣの仕事に戻り、テレビのチーフ報道アナウンサーとして有名になった。後にクリックを「自分のやり方で、どんなに退屈でつまらないことも振り払おうと固く決心しているように思えた」と回想している。彼らは「宗教、政治、世界状勢、ロシアなどについて」議論したが、「ほとんどの点で見事に正反対の見解だった」（宗教は例外として、ほかの話題までクリックが話を広げたことを、クライゼルは思いだせなかった。そのためドゥーガルの回想にクライゼルは困惑した）。クリックは二度と兵器にはかかわりたくないと望み、ドゥーガルも、原子爆弾がクリックに非常に大きな影響を与えたと信じている。こうして、世界が何を考えようとも、躊躇なく会話し、自分の脳に頼って生き、自分自身の思いつきにしたがう、三〇歳を前にした一人の人物像が現れた。このことに若いクライゼルが一役買っている。

戦争が終わりに近づいた頃、クリックの人生に入りこんだ二人めの人物は二番めの妻となる女性だった。クリックがまだハヴァントに住んでいた一九四五年初頭のある晩、ロンドンの海軍本部を訪ねると、かっこいい制服を着た若い魅力的な英国海軍婦人部隊員の三等航海士が二階へ戻る途中に前を通りすぎたのだった。彼女は買い物かごを落とし、芽キャベツを床全体にころがしてしまった。クリックは一緒に拾い、その場でディナーに誘った。センスの悪いレインコートをまとった、ひょろっとしたこの男からのかなり積極的な誘いを、彼女は断った。しかし、次にロンドンへやってくる数週間後に、外で一緒にランチをする約束は取りつけることができた。ランチに現れた彼は見苦しくなかった。「ランチは悪くない」。彼女はそう思った。

彼女の名前はオディール・スピードといい、クリックとはちがい、芸術的で、国際人で、よく旅行をした。キングズリンの宝石職人の娘で、第一次世界大戦後に英語を学ぶためにノーフォークにやってきたフランス人女性。一九三〇年代にはウィーンで二年間を過ごし、フランス語だけでなくドイツ語も流暢になっていた。第二次世界大戦が始まったときには、ちょうどパリの芸術学校に行こうとしていた。英国海軍予備員（英国海軍婦人部隊）に入り、数か月トラックを運転した後、三年間南部海岸で、ブレッチリーパークにいる暗号解読者にドイツのラジオから聞こえるおしゃべりを伝えるという、馬鹿馬鹿しいほど退屈な仕事に配置された。終戦時にオディールは、海軍本部の魚雷・機雷部門の副長であるアシェ・リンカーンに採用され、魚雷と機雷に関連したドイツ語文献を翻訳するという、同じように退屈な仕事を与えられた。無味乾燥な、技術的で工学的な学術本に囲まれて、絶望的な気持ちになって軍隊を辞め、芸術学校に戻り、生活を始めた。ここにいたって、レインコートを着たひょろっとした赤毛の男は見こみのない輩のように思われたが、彼に離婚歴があり、息子が一人いるということを知ったときにはなおさらだった。彼女は科学にはまったく興味がなく、彼もこの時点では芸術に興味はほとんどなかった。しかし、彼らは六〇年もの間、その後の人生を一緒に歩んでいくことになる。一九四五年、クリックは片のついていない離婚問題を抱え、まともに職歴もない状況の中、息子の世話をする重荷をオディールに背負わせるべきでないという友人の忠告を受けながらも、二人は慎重に愛しあいはじめた。

海軍本部での仕事に、もはやクリックは満足しなくなった。役人たちがフランシス・クリックの頭脳を高く評価していたことは疑いなかったが、その頭脳のもち主そのものについてはよく理解していなかった。一九四六年三月、クリックは海軍情報部の職に応募する。三人の「田舎教授」からなる委員会の面接を受けたが、不採用だった。しかし海軍情報部は彼をとても欲しがり、二度めの面接が調整された。このときの議長は、科学者であり後の小説家C・P・スノーであった。「私はあまりいい印象を与えなかった。それでも私を雇おうとした」とクリックは書いている。そうして情報部での官僚的な縄張り争いに身を投じ、前の科学情報部長R・V・ジョーンズに手紙を書いて、もっと中央集権的な情報部にするために重要な上級役人が事細かく手助けしてくれるように求めたこともあった。クリックが行政仕事嫌いになったのは、このときからだったのだろうか。晩年の彼なら一人の老人として、自分には人を動かす能力が皆無だったのであらゆる行政を避けたと言うだろう。

一九四六年の中頃、クリックは、情報部で広まっていた官僚的な混乱状態に幻滅し、破壊的な目的のために自分の頭脳を使うことに吐き気を催しながら、役所を去る決心を固めた。後にこれを失敗ではなく、決断の瞬間だと振りかえっている。彼は、海軍の役人何人かにペニシリンについて話したことを思いだした。自分がペニシリンをよく知っているわけではなかったのだが、突然無駄話をしたいと感じることが、ほんとうに自分が興味をもっていることなのだと理解した。クリックはそれをゴシップ・テストと呼んだ。しかし、彼は三〇歳であり、博士号取得のための研究も終えておらず、そのかわりに浮上してきた政府の科学キャリアの道も途中でやめてしまっていた。養うべき息子もいることはいうまでもない。磁気学と流体力学の勉強はしたが、もうどちらも退屈だった。人はたいてい自分の職業を産業や商業の世界で探すけれども、クリックの心には、発見されることがなくなる前に何かを発見したい、なんとしても知りたいという、一〇歳の彼の心を占拠していた抗うことのできない野心がいまだにあった。また、クライゼルのような、自由奔放な変人の名残があった。そして、科学の世界に足を踏み入れるだけでなく、英雄的な発見をし、何よりも神秘を打ち破ろうと固く決心をする。相談されたクライゼルは、皮肉をこめつつ励ました。「君より馬鹿だけれど成功した人を僕はたくさん知っている」。切り札を失い破綻したギャンブラーのごとく強がりながら、クリックは何を最初に解くべきかを決めた。脳の秘密か、あるいは生命の秘密か。後者の謎が、クリックをモーリス・ウィルキンスに会わせたのだが、このウィルキンスこそ、終戦後すぐにクリックの人生に入りこんだ第三の重要人物である。

ウィルキンスの物語はクリックに非常によく似ている。クリックの母がウィルキンス姓だったので、自分たちが親戚ではないかとも思った。しかしちがった。彼らは両方ともユニテリアン派の出だが、ウィルキンスの祖先の方が有名だった。二人とも同じ一九一六年、不安定な中産階級に生まれた（そしてともに二〇〇四年に亡くなることになる）。ちなみに、ウィルキンス家の方がよりインテリだった。ウィルキンスの祖母はケンブリッジ大学に入った最初の世代の女子学生、父は一九一三年にダブリンからニュージーランドに移住して、一九二三年にイギリスに戻ってきたアイルランド系イギリス人の医者である。ウィルキンスとクリックは二人とも、物理学で不本意な二流の学士号しかもらえず（ウィルキンスはケンブリッジで取得）、博士課程で研究を始め（クリックとちがってウィルキンスはちゃんと修了した）、戦時中は兵器の仕事に携わった（ウィルキンスはバークレーでのマンハッタンプロジェクトメンバー）。そして、二人とも、慌ただしい戦時中に結婚した後、離婚。一九四六年にウィルキンスは、ロンドンのキングスカレッジの新しい生物物理学の教授に任命されたジョン・ランドールのもとで助手となり、科学者としての前途有望なキャリアをスタートした。クリックは職を探していた。科学的な成果を期待される投資は、明らかにウィルキンスの方に振り向けられていた。

この時点でのウィルキンスの目標は超音波で遺伝的な変異を引き起こすことであり、変異によって遺伝子が何であるかに光をあてることにあった。クリックの戦時中の師であったハリー・マッセイは、バークレーにいたウィルキンスにエルヴィン・シュレーディンガーの『生命とは何か』〔邦訳岩波書店〕という本を与え、この道に導いた。一九四三年にダブリンでシュレーディンガーが行った講演がまとめられた本だ。この本が、あらゆる世代の物理学者に生物学へ転向させるほどの影響を与えたのだ。クリックもその一人だ。今日読みかえしてもこの本がなぜそんなに大騒ぎになったのか、おそらく不思議に思うだろう。シュレーディンガーは、遺伝子は非常に小さく、量子的な不確定性の影響を受けるはずにもかかわらず、次の世代でも安定して存在できることはきわめて不思議であり、そこには新しい物理学が含まれているにちがいないと議論していた。しかし、後にシュレーディンガーは、友人のマックス・デルブリュックの影響から考えを変えた。もし遺伝子が「非周期的結晶」、すなわち、規則的だが繰りかえしではない構造ならば、遺伝子は安定的かもしれないという可能性を掲げたのだ。ウィルキンスはこの考え方に好奇心をかき立てられた（クリックはその本にはそれほどは感銘を受けなかった）。ランドールはウィルキンスをセントアンドリュース大学に採用し、その後一緒にキングスカレッジに来るように求めた。一度はバーミンガムで、もう一度はセントアンドリュースで、すでに二度ランドールと喧嘩をしていたけれども、ウィルキンスはそのチャンスに飛びついた。彼らは一九五〇年、ロザリンド・フランクリンを採用したときに三度めの喧嘩をする。あの最も決定的な誤解の前触れが、このときもう起こりかけていたのだ。

したがって、一九四六年にはウィルキンスはすでに生命の秘密に対する研究を開始していた。この年、クリックはマッセイの助言にしたがい、ウィルキンスに会いに行った。ウィルキンスはクリックを気に入り、ランドールにクリックを雇ってほしいと願った。しかし、ランドールはクリックがしゃべりすぎるだけで、何もアイディアを出してこないと感じていた。クリックの方も、キングスカレッジの研究にはまったく魅力を感じなかった。研究者たちが自分の研究対象よりも、実験機器にばかり興味をもっていたように見えたからだ。クリックは後で、ウィルキンスはＤＮＡを研究しようとして時間を無駄にしていたと語り、ウィルキンスに「よいタンパク質を手に入れろ」と助言した。それでもウィルキンスとクリックは友だちになり、ホガルス通りに面したオディールのアパートで、一緒に夕食をとった。ウィルキンスはまっすぐキッチンへ行き、料理とはどのようなものであるかを目にした。忘れられないできごとだった。

その頃、クリックの心の中には、少なくとも、生命の問題を解きたいという思いがあった。脳もおもしろい対象だろう。しかし、シュレーディンガーに触発され、物理学者なら生命についてもっとたくさんのことを発見できると思っていた。だから色覚を研究する仕事の誘いはすでに断っていた。こうして自分が何をやりたいのか決めるやいなや、医学研究審議会（ＭＲＣ）の奨学生に応募し、次のような説明をした。「私の興味を一番刺激する分野は生命と非生命の境界であり、たとえばタンパク質、ウイルス、細菌、染色体の構造などのようなものである」。

おそらく、彼の人生のこの時期、最も特筆すべきは、空き時間に自分自身を包括的に再教育したということだ。戦争終盤からの何年間かで、物理、化学、生物のあらゆる分野について、読める本はすべて読んでしまった。海軍本部から許可をもらい、勤務時間中に理論物理のセミナーに参加したり、机に座っているときも当然こっそりと本を読んだりした。だが有機化学の教科書ではなかった。一九四六年七月、クリックは聞き慣れない名前の著者による『ケミカルアンドエンジニアリングニュース』という専門誌に載った論文に目をとめた。そこには、生物学は強い分子内の力ではなく、二つの分子間に働く水素結合という新しく発見された弱い引力によって説明され、その二つの分子のうちの一つには水素原子が付いているという議論が書かれていた。論文の著者ライナス・ポーリングが世界で最も有名な化学者だとは知らなかったが、ポーリングのアイディアは強く頭に刻まれた。もちろん書物以外からも、クリックはいろいろなことを学んだ。息子のマイケルは、クリックが週末にノーサンプトンの両親の家にカエルをもっていき、空襲時には避難場所になった鋼鉄製テーブルの上で、カエルを切り裂いていたことを覚えている。ただし、彼は新聞をほとんど読まなかった。それには合理的な理由が二つあった。ほんとうに重要なことが起これば、仕事にいく途中で通りをゆく人たちから聞くことができるし、知性を働かせて考えると、新聞では決して真実には到達できないからだ。そう確信したのだ。彼は新聞でなく、科学を読んだのである。

フリードリッヒ・ウェーラーがそれまで生体にしか見つけられなかった化学物質の尿素を合成した一八二八年以来、生命と非生命の境界に対する問いは、いつも科学の最前線に位置してきた。土とはまったくちがう肉体を生みだす生気が何であるかを探すことが、徐々に遺伝学の対象になった。二〇世紀初頭までには、生物がほかのものとちがうのは、特別にべたべたした原形質なるものが生物特有の別の化学体系を動かしているからではなく、生物にある不思議な「遺伝子」が自分自身のコピーを作りだせるからだと、かたくなな生気論者を除くほとんどの人が考えるようになっていた。一八六五年にチェコのブリュン（ブルノ）で、グレゴール・メンデルは、植物の育種実験について自分が出した結果は、遺伝性が不連続で具体的な「因子」を仮定することによってのみ説明できるとひらめいた。一九〇九年になって、その因子に「遺伝子」という名前が与えられた。その後、トーマス・モーガンが遺伝子は直線上に並んでいることを、セオドア・ボヴェリが遺伝子は染色体にあることを、ヘルマン・ムラーが遺伝子はX線によって変異することを、ジョージ・ビードルが細胞内のそれぞれの化学反応はそれぞれにちがった遺伝子産物によって影響を受けることを明らかにした。

こうして遺伝子の概念は、二〇世紀の半ば頃までには中心的な存在になっていった。だがきわめて抽象的な概念のままでもあった。遺伝子が実際どのようなものかは、何もわかっていないというのが真実だった。遺伝子次第で、青い目になるかもしれないし、茶色い目になるかもしれない。しかし、それが何を意味するのか？　時代を遡り、くまなく見てやると、時折予言的な発言を見出すことができる。J・B・S・ホールデンは、一九三四年に、「負」の鋳型を用いて自分自身をコピーする二次元の遺伝子について言及していた。これは〔特異的な対合関係が機能を生みだすという〕相補性の最初のヒントになった。ドロシー・リンチもまた、一九三四年に、遺伝子はお互い線状に並んでつながっていて、タンパク質の中のアミノ酸の配列もまた、単なる偶然ではなく生みだされるかもしれないと述べていた。コード化された配列に関する最初のヒントである。しかし、どちらのアイディアもそれ以上は誰も追究せず、ほかの間違った考えと同じように消し去られていった。一九五〇年も押し迫った頃、メンデルの再発見を祝う五〇周年記念エッセイの中で、ヘルマン・ムラーは次のように書いた。「われわれはまだ、遺伝子を遺伝子たらしめているユニークな性質、つまり、遺伝子が自分と同じような構造を生みだす能力を説明する仕組みについての知識をもちえていない」。一九四九年に発行された『ライフ』に、染色体の一部分を非常に大きく拡大した、遺伝子の写真がはじめて載った。しかし写真に写したところで、遺伝子をどのように認識するのか、まったくわかっていないことが、より一層、際立っただけだった。

第3章

ケンブリッジ

クリックが科学者として生きるための職探しは、順調にはいかなかった。結晶学で有名な、ロンドン大学バークベックカレッジのJ・D・バナールの研究室に応募すると、秘書から「誰もがバナールと一緒に働きたがっていることすらご存じないのですか」と辛辣に言われた挙げ句、すげなく断られてしまった。ほかの紹介先も、結局だめだった。戦時中、クリックの評判は非常に高く、医学研究審議会（MRC）は生物学で何かの賞を受賞するレベルの人物として扱ったが、最初は、働き口も用意できなかった。MRC書記官サー・エドワード・メランビーは、この「ひとかどの人間」にたった年間三五〇ポンドの奨学金しか出せず困っていた。クリックはお金のことには頓着せず、所属先がないにもかかわらず、とにもかくにも奨学金の応募は認められた。それからも何回か不採用が続き、メランビーはクリックをケンブリッジ大学ストレンジウェイズ研究所の所長オナー・フェルに会いに行かせた。ちょうど彼女のところにいた物理学者が亡くなったので、クリックを引きとると言ってくれたのだ。クリックは海軍本部に通知をし、一九四七年九月、ケンブリッジに移った。毎週ロンドンのオディールと過ごしたり、ノーサンプトンの両親やマイケルと過ごしたりしていたけれども、ケンブリッジのジーザス通りに下宿をしはじめた。

ストレンジウェイズ研究所は、一九〇五年にトーマス・ストレンジウェイズの寄付で設立された生物学研究所だった。街の中心から数マイル離れ、ケンブリッジ南端に位置する赤レンガの立派で大きな建物にあった。一応は大学の所属ということになっていたが、実際は、オナー・フェルが人工培地でヒトの細胞を培養する技術を開発する個人研究所である。クリックはそこでアーサー・ヒューズの研究室に加わった。ヒューズは、小さな磁気粒子を巧妙に細胞の中に取りこみ、その細胞を磁場に置いて、粒子を細胞内で動かすことのできる人だった。そして、こうしてえられた細胞内部の特性を解明できる、粘性と磁気学の専門家を求めていた。

その冬、クリックはウィルキンスから手紙を受けとった。

拝啓、クリック様
ケンブリッジはどうですか。冷たい風がフェンスを越えて吹きすさび、ケンブリッジの水面をかき乱し、大学の壁の有刺鉄線越しにヒューヒューと鳴り、門の鍵の鎖をガタガタ鳴らしていますか。この冷たい風で、寝室係や、石畳を走って大学の浴室に駆けこむ学部生の顔は、むしろ健康的に輝いていますか。ストレンジウェイズのドアの下から吹きこむ冷たい風は、培地を凍らせ、素直な両生類たちをみんな冬眠させていますか。何はともあれ、実のところ、君はうまくやっていますか（いや、これは言うべきことではありませんが）。今度、君がロンドンに来るときには、前もって葉書をください。そうすれば電話をして、夕食の日にちを提案します。私は最近とても美味しい夕食を作るようになりましたし、シードルを樽で仕入れておきます。
とにかく知らせてください。
敬具
モーリス・ウィルキンス

クリックは後に、ストレンジウェイズ時代を、生物学者の見習い期間であり、来るべき大きな疑問に対処する備えができたと振りかえっている。そして、MRCにとって幸運だったのは、クリックを奨学生という理由で引き留められたことだった。しかしその頃、ストレンジウェイズは袋小路に入りこんだような状態だったにちがいなかった。ケンブリッジの中央から遠かっただけでなく（クリックは車をもっていなかったのはいうまでもなく、まだ運転すらできなかった）、ストレンジウェイズ研究所は独立した機関で、クリックをケンブリッジ大学の博士課程の学生として登録していなかった。加えて、クリックは粘性の測定に引き戻されていた。さらに一九四八年に彼の父が六〇歳で亡くなる。ウィルキンスは、クリックの経済状態が破綻しないことを願った。だが幸い、裕福な叔父アーサーの援助があった。

こんな状況でも、クリックはめげずに実験に取りくんだ。自然科学クラブに入会し、動物学者のマイケル・スワンやマードック・ミッチソンと友だちになり、偏光顕微鏡を使わせてもらった。脂質の専門家であるディクラン・デルヴィチアンに会いに、パスツール研究所のあるパリまでヒューズと旅もした。最終的に、ヒューズとクリックは非常に長い詳細な論文を二報出版した。一報は方程式だらけで、もう一報は細胞質の中で磁気粒子をどのように「回転させたり」「引いたり」「突いたり」するかという実験の詳細で満たされていた。だが、はっきりした結論には達しなかった。あるときには粒子がゲルの中でくっついたように再結合し、またあるときにはそうはならなかったのだ。そして、「結果は決して明快ではないが、そのことは図から読みとれる」というような記述ばかりだった。はっきり言って、科学としては最悪である。何の仮説もなく、ただ測定しただけ。取り憑かれたように、必要以上に詳細な測定を七〇ページにわたって書いていた。詰めこんだだけで、誰も決して読まない。しかし、ここでも未来のクリックの片鱗が垣間みられる。長く忘れられていた細胞質研究をしていたお偉方を、鋭く、少し卑下したような批判をこめて登場させているのだ。「ハイルブロンとハイルブラン［ママ］……は、おそらく、そのような力のために、粘性によって引き起こされた効果がまったく見えなくなっていることを、理解していなかったようだ」。「私たちはフレイ＝ウィスリングがするような記述をとくに非難する」。そして、特別にクリック的な言い回しも登場する。「正しいかもしれないが、証拠が何一つない」。

この時期に、クリックはストレンジウェイズへの訪問者相手に、分子レベルの生物学についてセミナーを開いた。後年、クリックは自分が何を言ったのかは正確に思いだせなかったけれども、DNAの粘性はX線によって軽減される（X線が大きなDNAを断片化させることを意味する）という話をしたことは覚えていた。遺伝子がDNAからできているという理論も含め、おそらくDNAについてたくさん話をしたはずだという。たしかに、一九四六年から一九五一年にかけてのあるときに、遺伝子がタンパク質で構成されているのではなく、少なくとも一部はＤＮＡによって構成されていると信じるようになったようだ。クリックは、そう考えた最初の人物ではなかったが、最後の人物でもなかった。

ＤＮＡは、遺伝子そのものとしての歴史を有している。両者とも科学の孤児だった。一八六五年にメンデルが鋭く見抜いていたことが三五年間も忘れられていたように、一八六八年にテュービンゲン大学のフリードリッヒ・ミーシャーが発見した「ヌクレイン」も遺伝学者に無視されていた。ミーシャーは傷ついた兵士に巻かれていた膿だらけの包帯からリンに富んだ酸性の物質を精製すると、それが細胞核に豊富に存在していそうに思えたので、ヌクレインと呼んでいた。その後、バーゼル大学で、鮭の卵からよりきれいなサンプルを取りだした。ヌクレインはデスオキシリボース核酸と改名され、さらにデオキシリボ核酸、すなわちＤＮＡと呼ばれるようになった。二〇世紀前半には、ＤＮＡは、遺伝子が場所を定める足場のような働きをするものと考えられはじめた。ＤＮＡはかなり大きい分子で、単調ではっきりした構造である。五角形の糖のリングに、リン酸がたった一つ結合し、その糖のリングはまた別のリン酸、そのリン酸はまた別の糖と、というようにつながっている。炭素と窒素からできた一つか二つのリングをもつ有機窒素性の「塩基」がそれぞれの糖に結合している点のみが、ＤＮＡの単調さを壊している。その塩基はアデニン、グアニン、シトシン、チミンという異なる四種類の有機化合物で構成される。しかし、これだけでは、生命の複雑さを説明するほどの十分な多様性にはたしかに不足していた。

一九三〇年代半ば以降、ニューヨークのロックフェラー研究所にいたオズワルド・アヴェリーは、労を惜しまずこつこつと研究を進め、少なくとも非常に特別な場合には、精製したDNAが遺伝子の性質をもつらしいという証拠を蓄積していた。つまり、DNAには生物の性質を遺伝的に変える可能性があった。アヴェリーは一九四四年に、実験の結果を長い論文にまとめて出版し、病原性ではない肺炎球菌属のあるバクテリアが、病原性系統から精製したDNAをただ混ぜるだけで、どのようにして別の病原性の系統に変わってしまうのかについて詳細に記述した。アヴェリーは二〇ガロンのバクテリア培養液から、たった一〇〇分の一オンスの物質を取りだすまで、クロロホルム、酵素、アルコールを使って繰りかえし洗い、すべてのタンパク質を除き、自分の抽出物にはほかのものが混ざっていないことをただひたすら確認した。そして何度も何度もテストすることによって、「形質転換物質」にはDNAの性質が必ずあり、タンパク質にはそのような性質はないことをたしかめた。

だが、それでもアヴェリーは世界を説得できなかった。彼の論文がわかりにくかったためでも、研究者に届かなかったためでもない。生化学者や遺伝学者のほぼ全員がアヴェリーの実験を知っていた。何が起こったのか。科学はすでによくわかっていることにだけ目を向けがちだという、昔から知られている心理学的な実例が現れたのである。つまり、学者たちはタンパク質遺伝子を信じていたのだ。DNAは多様性のない「馬鹿げた」繰りかえし物質であり、遺伝子としての特異性をもちえない——。フィーバス・レヴィーンがいう正統派の学説を、何年もの間、科学者たちは評価していた。ロックフェラー研究所ですら、いくつかの酵素はタンパク質で作られてはいないと主張したあるドイツ人科学者に恥をかかせ、まさにタンパク質派になっていった。そして、ロックフェラーのアヴェリーの同僚アルフレッド・ミルスキーは、アヴェリーの結果はサンプル中にほんの少しタンパク質が含まれさえすれば説明できるという理論を、一貫して一人で擁護し続けた。そのため、アヴェリーは自分の研究所の支援すら求められなかった。さらに、バクテリアにはそもそも遺伝子があるのか、あるいは、もし遺伝子があるなら動物と同じ材料からできているのかと多くの人が疑った。結局、一九四〇年代後半になっても、遺伝子はDNAからできていると考える人もいれば、依然としてタンパク質と考える人もいた。また、両者の混合物であると考える人もいれば、どちらであるか決められない人もいた。クリックはおそらく最後の立場だったが、DNAについても学んでいた。けれども、何はともあれ、クリックはこの討論を遠くから見守る観客にすぎなかった。

さしあたり、クリックをストレンジウェイズから連れだしたのは、タンパク質であり、そしてクライゼルであった。おそらくはクリックからの依頼であろうが、クライゼルはマックス・ペルーツに会いに行き、クリックを受け入れられるかどうか尋ねた。ペルーツは、キャヴェンディッシュ研究所にある新しく設立された医学研究審議会の生物システム分子構造研究部門長に最近任命されたオーストリア人だ。ペルーツは聡明な人物だった。クリックは彼に会い、メランビーは喜んで、クリックの奨学生資格を新しくできたグループに移した。一九四九年夏、クリックはストレンジウェイズでの靴の汚れを振り落として、ケンブリッジの中心、大学の中心、科学の中心へと向かっていった。ケンブリッジ駅でタクシーの運転手に、キャヴェンディッシュまで行くように伝えても、運転手はキャヴェンディッシュを知らなかったけれども。キャヴェンディッシュはイギリスで最も有名な物理学研究所で、そこには、ジェームズ・クラーク・マックスウェル、J・J・トムソン、そしてアーネスト・ラザフォードがいた。

ペルーツは一九三六年に、J・D・バナールのもとで働くために自分からケンブリッジにやってきたが、実はナチスが仕事を没収し、家族を追い払い、貧困のまま国外追放されていた。イギリスは当初、敵国人として最初はマン島に、続いてカナダに彼を抑留した。この恐ろしい経験が、あまり育ちのよくない男をさらに惨めにしたのであろう。キャヴェンディッシュのサー・ローレンス・ブラッグのもとでの仕事は、二〇世紀はじめの何年かに、ブラッグが普通の塩に対してなしとげたX線による塩の構造解明を、生物学的な物質に対しても行うことだった。

一九一二年、マックス・フォン・ラウエたちは、硫酸銅の結晶がX線を回折することを示し、X線が波であることを証明した。しかし、回折パターンに結晶の構造を解明する手がかりを見つけたのは、まだケンブリッジの学生だった若いローレンス・ブラッグだった。リーズ大学の父サー・ウィリアム・ブラッグと一緒に、X線が残した回折点のパターンから結晶の構造を構築するのに必要な詳細な数学を考えだした。ローレンス・ブラッグは、一九一五年に父とともにノーベル賞受賞の知らせを受けたとき、フランスで仕事をしていた。

そのとき以来、結晶学はより複雑な結晶にも真価を発揮した。ブラッグの学生たちが二世代にわたって国中に広め、生物学的分子にも挑戦しはじめる。ケンブリッジ大学のJ・D・バナールはペプシンを、リーズ大学のウィリアム・アストベリーはケラチンを使って、タンパク質には良質なX線回折像を出せるぐらいの結晶構造があることを明らかにした。続いて、バナールの学生の一人ドロシー・クロウフット（後のホジキン）がオックスフォード大学でインシュリンの結晶にX線をあて、もう一人の学生ペルーツはケンブリッジ大学でもっと大きなヘモグロビン分子にとりかかり、それらがほとんど球状の一定構造をもち、無定形のコロイドではないことを証明した。ペルーツとアストベリーがそれぞれまったくちがうタンパク質（一つは繊維状、もう一つは球状）を扱っていたにもかかわらず、同様のパターンを取りだしていたことに興味深いヒントがあった。この四人のうちの誰かがタンパク質の天然の構造を解明するのは、単に時間の問題のようにみえた。しかし、戦争が始まって、そして終わり、研究が徐々に再開されても、ブレイクスルーはなかなか来なかった。

一九四九年、ペルーツのチームには、戦時中にマウントバッテン卿の科学補佐官であった化学者ジョン・ケンドリューが所属し、さらにペルーツの学生ヒュー・ハックスレイも加わった（ローレンス・ブラッグが監督となり、電気技師のトニー・ブロードが並外れてパワフルに回転する陽極X線装置でサポートした）。指導教官のペルーツより二歳年下のクリックはこのチーム四人めの科学者となり、ペルーツの最初の学生になった。奨学生の資格は移せたが、キャヴェンディッシュでのクリックの給料は、ストレンジウェイズよりも悪かった。しかし、一九四七年にドリーンとの離婚を切り抜けて、オディールにようやく安心してプロポーズできそうに感じていた。彼女はファッションデザインのコースを諦め、ケンブリッジに来る決心をした。

オディールは自分でデザインした膝丈のドレスを、フランシスはモーニングを着て、二人は一九四九年八月一四日に結婚した。登記所に結婚の届けを出し、披露宴はロンドン・チェルシー地区のチェイネ通りにある家の庭で行われた。列車で向かった北イタリア・リグリアの新婚旅行では、海からしか近づけないプンタキアッパの人里離れた小さなホテルを探しだした。クリックは、昔の学校の友人からそのホテルのことを聞いていた。新婚向けの部屋からは、崖越しに海がまっすぐに見わたせた。質素なイギリス人にとって、楽しい休息となった。新婚旅行から戻り、ケンブリッジのトンプソン通りにあるタバコ屋の二階の小さなアパートに移る。セントジョンズカレッジの向かいにあり、ペルーツ一家がそこを引き払ったばかりだった。グリーンドアと呼ばれ、贅沢にはほど遠かったけれども、十分に心地よい。浴槽は台所にあり、通常は皿の載っている折り畳みテーブルの下に隠されていた。洗面所は階段の途中にあった。ここでクリックは、毎朝小さな洗面器を置き、髭を剃った。髭を剃りながら深く考えをめぐらすことは、生涯、彼の癖だった。アパートには、寝室、居間、そしてマイケルがダンハーストの学校の寮から戻ってきたときに使う小さな部屋があった。家賃は一週間で三〇シリング。金銭的にはきつかった。クリックたちは、ブリッジ通りの質屋に何度かタイプライターをもっていった。

クリックにとって、三度めの博士号取得への挑戦だった。もう失敗するわけにはいかない。挑戦しなければならない問題は、本質的には、あるタンパク質を選び、その構造を解明することだった。検出面上に現れるX線回折のパターンは、それぞれの波がどのようなタイミングでやってきたのかは示さず、波の強度しか記録しない。見るからに克服しがたく、ペルーツは一〇年以上もこの問題に手こずっていた。いわゆる「位相問題」（呼び名はフーリエ解析に由来）は、ローレンス・ブラッグが何年も前に示したように、小さな分子ならばモデルを構築して試行錯誤すればうまく回避できた。クリックはこう述べている。「もし構造が推測できれば、その構造が与えるX線のパターンを引きだすのは、単に計算上の問題である。これで推測がうまくいったかどうかがわかる」。しかし、巨大な球状タンパク質であるグロビンの場合、推測できる選択肢が多すぎて、構造が解明できなかった。もっと小さなタンパク質ならば簡単かもしれなかった。

クリックは最初、腸管から出る小さなホルモンのセクレチンの結晶化を試みたが、なかなか思うようにはいかなかった。しかし、比較的小さなタンパク質であるトリプシン阻害剤を使い、毛細管を通したコルク栓つき平底瓶の中で、溶液を数週間かけてゆっくりと蒸発させ、幸運にもこのタンパク質を結晶化することができた。長さ〇・二ミリメートルか〇・三ミリメートルの結晶だったが、残念ながら単位胞（最小の結晶サイズ）が大きく、約六〇個の分子があり、X線の回析結果からは個々の分子についてほとんど何もわからなかった。次はリゾチームに取りくんだ。リゾチームは人間の涙や鳥の卵に含まれる抗菌性のタンパク質で、簡単に結晶化でき、より小さな単位胞でできていることがわかっていた。彼はいろいろな鳥でリゾチームを試し、さまざまな形で結晶化されるものを見つけようとした。しかし、ホロホロチョウ、シチメンチョウ、アヒル、ガチョウのどの卵でも、結果は芳しくなかった。ニシセグロカモメの卵にいたっては、リゾチームをまったく見つけられず、結局、ペルーツが扱うヘモグロビンの手伝いに戻った。それでも異なる種類の生物から同じ種類のタンパク質を解析することが有効だとわかったので、ローレンス・ブラッグに促されたクリックの初期のノートには、雄牛や馬やウサギのヘモグロビンのことがぎっしり書きこまれていた。

クリックがやってきたとき、ペルーツはヘモグロビンの論文をちょうど出したところで、帽子箱モデルとして知られている四層構造を、期待をこめて世に示した。クリックの最初の仕事は、この欠点を指摘することだった。クリックは何か月も文献を読み、X線のデータが示す密度を解釈して、構造はペルーツが考えているよりずっとでたらめで、あまり規則的ではないことを明らかにした。ポリペプチドが平行な鎖できれいに構成されているのは、タンパク質のたった三分の一にすぎない。そこでクリックは、タンパク質は規則的だが、単純な幾何学的構造をしているという見方を消し去った。同時に、タンパク質の構造が生命の秘密をすぐにも解き明かすだろうという望みも。そして、タンパク質結晶学を理解するために、視覚的イメージを用いた独自の個性的な方法を見つけだした。これが独特な貢献につながった。X線の回折像から、非常に面倒な計算、たとえばフーリエ解析やベッセル関数、そしてパターソン計算を用いて構造を導きだすのを避けたわけではない。結晶の単位胞の空間群対称性、つまり結晶を回転させて再び同じように見えるにはどうすればいいかを、直感的に頭の中で計算していたのだった。目を細めてモデルを立体的に見る特別な方法で邁進した。何年もの間、クリックは対称性を使ってやさしく話したが、たいていの人は彼の意図を視覚的に理解するのに悪戦苦闘した。「代数学を扱えることは必要だが、私は、数学で苦労しなくても、最初から回折像と論理を組みあわせれば、こうした多くの数学的な問題にも答えを見出せるとわかった」。

クリックは一九五〇年最初のセミナーで、タンパク質の結晶学について二〇分間話した。内容は概してとても消極的だった。タイトルは（キーツの「ギリシャの古壺の叙事詩」にちなんで）「どんな狂気の追跡なのか？」。ペルーツやほかの人たちが応用した方法を自らすべて試し、情け容赦なく、重原子同型置換法を除いて必ず失敗することを証明した。タンパク質結晶学者を正しい方向に向かわせたのはクリックだったのだ。しかし、それを認めたのはバナールだけだった。クリックは絶対的に正しかった。後年、ペルーツとブラッグは、多重同型置換法によってヘモグロビンの位相問題を最終的に解決することになる。だが、そのときのクリックの主張は、どう控えめにみても適切ではなかった。いつものことだが、クリックは手加減をして、やさしく打ちかえすようなことはしない。ときには紅茶を飲みながら、「結晶学の始祖であるブラッグは結晶学についてあまり知らないのではないか」というようにわざとへりくだった話し方をして、事態をますます悪化させたこともあった。ある会議の席でいつものように批判的な調子で聞こえよがしに話すクリックに、ブラッグはついに感情を爆発させこう言った。「クリック、お前はいつも波風を立てている」。

クリックは、実際に自分で手を動かして測定するのではなく、ブラッグとペルーツのやり方はよくないと指摘することに非常に長けていた。やかましく笑いながら、ぺちゃくちゃしゃべる男を我慢する聖人のような忍耐力が、ブラッグとペルーツには必要だった。ペルーツにはその忍耐力があったが、ブラッグにはなかった。しかもブラッグが長年のライバル、ライナス・ポーリングに恥をかかされそうだったことで、状況は泥沼化した。ブラッグ、ペルーツ、そしてケンドリューは、タンパク質分子全体ではなく、典型的なポリペプチド鎖のもっともらしい構造を利用して、タンパク質の構造へ近づこうとする別の試みも始めていた。リーズ大学のアストベリーは、羊毛の成分であるケラチンというタンパク質に見られる一続きの長いポリペプチド鎖には天然の繰りかえし構造があるという、X線による証拠を出していた。ケンブリッジ大学の科学者三人は、その鎖の構造を想像するために、金属製の針金で原子を結合させ、拡大模型を作ることにした。たしかに直接的なやり方だったが、きわめて見こみのないやり方でもあった。それぞれのアミノ酸が次のアミノ酸とつながる角度が構造に自然のねじれを与え、そのねじれから生みだされる、ある種のらせん形が有力候補だった。だが、アストベリーのX線パターンに見られる、非常に重要な一つの回折点の解釈を誤ってしまった。その回折点は、五・一オングストローム（一オングストロームは一〇〇億分の一メートル）ごとの何か意味ありげな繰りかえしを示していた。これがらせんの「ピッチ」（ねじれから次のねじれの間の距離）によって引き起こされていると仮定したが、一回転あたりのアミノ酸の数は整数であり、おそらくは四にちがいないと結論してしまったのだ。結果的に、ペプチド結合には許されない角度をもった不十分ならせんになった（そのことは後で証明され、どんな生化学者であろうとも、みんな知っていることになったが）。しかし、とにかく彼らはその論文を発表した。

少し後に、ポーリングがケラチンのよりエレガントな構造を発表し、それをαヘリックスと呼んだ。

彼の構造では一回転あたり三・六アミノ酸であり、五・一オングストロームの回折点を説明できなかったにもかかわらず、すぐにポーリングが正しく、ブラッグは間違っていることが明らかになった。もちろん、ペルーツもすぐに、アストベリーが見逃した（一つのアミノ酸から次のものに「上がる」ことで引き起こされた）垂直方向のいわゆる経線上の一・五オングストロームの回折点を見出すなど、同じくらいのことを証明してはいる。

ちょうどブラッグは、昔からのライバルに恥をかかされてかりかりしていた。クリックはこの偉大な人物を見下したようにあしらって波風を立てるだけでは満足せず、無愛想に、ブラッグの最新アイディアは時代遅れであると付け加えた。一九五一年一〇月、ブラッグは、フーリエ解析を独創的に利用した「最小波長原理」について書いた草稿を回覧させていた。クリックは、そのアイディアを九か月前に使うべきだったと一言。もう我慢の限界だった。ブラッグはクリックのあてこすりで孤立させられたのだから。すぐに怒り狂った手紙を医学研究審議会に送り、クリックを自分のオフィスに呼びだし、博士号をとった後、キャヴェンディッシュには君の未来はないと告げた。クリックは傍目から見てもわかるほどに動揺した。

だが人生は好転しようとしていた。一九五一年一〇月三一日、ブラッグは、グラスゴーのウラジミール・ヴァンドから送られてきたばかりの論文をクリックに見せ、Ｘ線回折の立場から、らせん構造の存在を否定している一般的なパターンを見つけだすように要求した。クリックは物理学者ビル・コクランに相談する。クリックとコクランはヴァンドの論文が半分だけ正しいことに気づいた。昼食後、頭痛がしたクリックはグリーンドアに帰り、ガスストーブの前に座りながら、正しい解にたどりついた。頭痛から回復し、夜には、トリニティ通りのワインショップ・マシューの試飲会に出かけていった。前から楽しみにしていたのだ。一九種類のラインワインや一九四九年もののヴィンテージ・モーゼルワインが並んでいた。クリックは、いつものように口いっぱいに含んだワインを吐きだすことはせず、味や香りの印象を注意深く書きとめながら、すべてを飲み干した。おそらく頭痛はまた戻ってきたのだろう。

翌朝、クリックは、コクランがもっと洗練されたかたちで、同じ式を導いたことを知った。本質的には、彼らはアレクサンダー・ストークスが数か月前にやりとげたことを、ただなぞっていただけだった。しかしクリックにとっては幸福の瞬間だった。実際に発見をし、自然法則を見つけ、ほかの人たちがやってきたことに対して、さらなる明確な貢献をしたのだ。ブラッグは少しばかり気が静まった。位相問題は解明できなかったが、洗練された数学で、与えられた寸法のらせんが生みだす回折パターンを予言できたのだ。

一年後、クリックは五・一オングストロームの回折点の謎を説明する論文を発表して、ようやくポーリングを打ち負かした。それは「コイルドコイル」によってもたらされた。一回転あたりのアミノ酸数は整数にならなかったので、α へリックスはきちんと積み重なることができない。わずかに変形したままお互いの周りに巻きつかなければならず、一方のらせんから突きでたアミノ酸は、こぶが穴に収まるように、もう一方のらせんの穴に適合したのだった。このねじれが五・一オングストロームの繰りかえしを生みだした。

それまでクリックは研究室では役に立たず、物事の見きわめもできない人間だったが、キャヴェンディッシュ研究所での最初の二年間で打ち立てた成果によって、ブラッグでさえも彼を優れた理論家であると認めるようになった。他人の最高のアイディアを容赦なく批判するだけでなく、「他人のクロスワードパズルを解いてしまう」とブラッグに言わしめた性格で、クリックは周囲にとっていらだたしい存在だった。しかしクリックは、仮定を単純化することが必要であり、現実を解析するだけでなく可視化することが重要であるという、有益な教訓をここで学んだ。ポーリングに二度と打ち負かされないことの重要性はいうまでもない。こうした積みかさねの一つひとつが、二重らせんの物語では決定的な意味をもつことになる。だがクリックは生命の定義には近づいていなかった。タンパク質結晶の対称性は、彼にとって魅力的（少なくとも粘性の研究よりはまし）だったが、生命のメカニズムへの直接的な洞察につながりはしなかった。そして、ブラッグはクリックを遠ざけようとし、クリックは博士論文を書きあげても職にありつけない状況だった。

第4章
ワトソン

一九五一年九月、ジェームズ・ワトソンがケンブリッジに到着した。彼が最初に会ったクリックはフランシスでなくオディールだった。通りで出会ったペルーツがワトソンをオディールに紹介したのだ。彼女は背の高い乳母車に、生まれたばかりの赤ん坊のガブリエルを乗せていた。伝えられるところによれば、彼女はフランシスに「マックスは坊主頭のアメリカ人とここにいたのよ」と言ったという（ワトソンは角刈りだった）。ワトソンがキャヴェンディッシュ研究所で働きはじめ、フランシス・クリックとはじめて会ったのはそれから三週間後だった。ワトソンは瞬時に意見が一致したと書いている。二人は三〇分も経たないうちに、DNAの構造を推測する話をしていた。

ワトソンはDNAに取り憑かれていた。世界中をあちこち訪ね、遺伝子の構造を発見するのを手助けしてくれる人を辛抱強く探していた。シュレーディンガーの本に触発されて、ワトソンは遺伝子が分子だと考えた。さらに、アヴェリーの実験によって、遺伝子がDNAからできていると確信した。シカゴ大学を卒業する前にして、すでに、こうしたいわば「本質」を感得していた。

ワトソンの父親は、本職が集金人で、シカゴ南部でアマチュアの鳥類学者としても活動していた人物だった。ワトソンは一五歳で大学に入学し、一九歳で卒業、二二歳の誕生日の一か月後には、ブルーミントンにあるインディアナ大学で博士号を取得した。ミバエの遺伝子を人工的に変異させたヘルマン・ミュラーと仕事をするつもりで、ブルーミントンに行ったのだ。しかし「バクテリオファージ」ウイルスを使う、サルバドール・ルリアの遺伝学に惹かれていく。当のルリアの目にワトソンは「変人」と映った。背が高く、棒切れのように痩せた気難し家で、よく話の途中で笑いながら鼻息を荒げていた。また、非常に率直に、はっきりとものを言う性格だった。大学院のときには、シュレーディンガーの本の中の英雄、マックス・デルブリュックのことを知り、二夏をコールドスプリングハーバー研究所で、また一夏をカリフォルニア工科大学（カルテック）でデルブリュックと過ごし、彼を敬慕するようになった。

ウイルスがどのように変異し、複製し、あるいは組換えを起こすのかを研究するのに優れていた「ファージ」の世界ではあったが、遺伝子が何かについてはまだ見通しも何もなかった。しかもデルブリュックとルリアの関心は、とくに遺伝子にあるわけではない。それでワトソンは、核酸を研究していたヘルマン・カルカーがいるコペンハーゲンへ向かったのだ。だが、コペンハーゲンもまた、展望の開けないところだった。暗く、湿度が高く、カルカーは（自分の離婚のことで頭がいっぱいでなければ）化学的な面にだけ興味をもち、構造には見向きもしなかった。ワトソンは放射性のリンを使って、オーレ・モーレと一緒に別の研究室でいくつか実験を行い、一九五一年春にはカルカーとナポリに旅し、有名なナポリ臨海実験所を訪れた。イタリアに予想外の春の寒波が到来する中、高分子に関する国際会議が開かれた。そこにはジョン・ランドールのかわりに、モーリス・ウィルキンスが遅れて参加していた。その会議でワトソンは、ウィルキンスが撮ったＤＮＡのＸ線写真を偶然目にする。

ウィルキンスは、約一年間、ＤＮＡのＸ線写真を撮り続けていた。一九五〇年五月、ロンドンでのある会議で、子ウシの胸腺から抽出したほとんど無傷のＤＮＡを、スイスの生化学者ルドルフ・シグナーからもらっていた。ウィルキンスは、そのＤＮＡは糸のように細長く引っ張ることができ、顕微鏡で見ると驚くほど均一だと気づく。同じ学科の大学院生だったレイモンド・ゴスリングのところへ行き、その糸のようなＤＮＡに、まるで結晶であるかのように、Ｘ線を照射してもらった。ゴスリングは、鉛で裏打ちされた基板に、かなり微弱な出力しかないスタビンスＸ線照射装置を準備した。ランドールが使っていた古いものだ。Ｘ線は空気中で散乱してしまい、最初はなんの結果も出せなかった。装置に水素を送りこむときに、爆発の危険を避けてぶくぶくと泡立てながら水の中で水素の流れを測ることにしてみた。これがうまく水素ガスに湿り気を加えるように作用した。そして、予期せぬ幸運をものにする、非常に重要なステップでもあった。プラスチシンという模型製作用の粘土や（ウィルキンスの財布にあった）コンドームを賢く使ってガスが漏れないようにし、最終的にうまく撮影できるようになった。写真一枚撮影するのに二〇～三〇時間もかかったが、タンパク質の写真よりも、またアストベリーが苦労したＤＮＡのＸ線写真よりも、驚くほどはっきりした単純な斑点のパターンが写し出されていた。ワトソンがナポリで見たのは、前年の夏に撮られた、これらの写真だった。

ワトソンは衝撃を受けた。すぐに、ウィルキンスがすでに遺伝子は規則的で対称的な構造をしているという結論に達していることを理解した。ＤＮＡ中の窒素を含む塩基の割合が、生物によって大きくちがっているのだとしたら、この事実は、ほんとうに大きな驚きであった。規則的かつ変動的とは、どのようにしたら可能になるのだろうか。パエストゥム遺跡に行く間、可愛い妹のエリザベスをだしにして、ワトソンはウィルキンスと話をしようとした。できればウィルキンスが自分に仕事をくれるように説得したいと思っていた。だが、ウィルキンスはワトソンの話についていけず、失敗に終わった。そのためワトソンは別のＸ線結晶学の研究室に行くしかなかった。長く病気を患っていたルリアは、最終的に、キャヴェンディッシュ研究所でジョン・ケンドリューにワトソンを引きとってもらうことにした。

ワトソンは、たとえ誰のもとで仕事をすることになっても、共同研究の相手がいつも別の人にすり換わった。ブルーミントンではミュラーからルリア、次にデルブリュックと仕事をした。コペンハーゲンではカルカーではなく、モーレが共同研究者になった。ケンブリッジに着任してすぐ、ワトソンは、遺伝子とＤＮＡに対するケンドリューやペルーツの慎重な態度にうんざりした。「九九パーセント証明されてからでないと行動しない人が多すぎる」。そして、ついにクリックと出会った。遺伝子がＤＮＡからできているとクリックが確信しているのかどうかはわからなかったし、またワトソンがクリックを確信させたのかどうかも不明だった。しかし、いずれにせよ、クリックには「あまり説得が必要でない」ことがわかった。クリックは、ストレンジウェイズ研究所に行く前から、「タンパク質はどこから来るのか」ということを自問してきたと後に記している。だが、ワトソンがやってくるまで、クリックは自分がＤＮＡの構造を発見するとは思ってもいなかった。二週間もしないうちに、ワトソンはデルブリュックに、「クリックは間違いなく、これまで知っている中で最も聡明で、ポーリングに最も近い人物である。……彼は話すことも、また考えることも、決してやめない」と書いている。一方クリックは、遺伝学を知っている人や遺伝学者に会うことにわくわくしていた。彼とワトソンは、お互いが知っていることを教えあいはじめた。ただ、フーリエ解析やベッセル関数をワトソンに説明するのは、ファージの変異についてクリックに説明するより難しい。クリックは、ジム向けに「野鳥観察者《バードウォッチャー》のためのフーリエ変換」という論文を書こうかと、冗談のタネにしていた。

キャヴェンディッシュ研究所から一〇〇ヤードほどの、キングスパレードからちょっと外れたベネット通りに、コーパスクリスティカレッジがある。間もなく二人は、そこにある「イーグル」という広いパブで、ほとんど毎日一緒に昼食をとるようになった。彼らはいつも、空軍バーと呼ばれている奥の部屋で食事をした。戦時中、イギリスとアメリカの飛行兵たちに人気があったところで、天井はパイロットがライターで書いた戦隊番号とスローガンの煤けた落書きだらけ。口紅で大きく描かれた「イーグルのエセル」という名の女性がくわえ煙草で、テーブルを見おろしていた。食後はキングスカレッジの庭をぶらつき、じっくりと話をしながら、ケム川ほとりのケンブリッジ大学の裏庭「バックス」沿いに散歩した。夏には時折、船を漕いで探検旅行をし、また朝一〇時半のコーヒーブレイクや午後四時の紅茶の時間でも、しょっちゅう会話が仕事になり、あるいはまた仕事が会話になった。クリックは、オディールの手料理にもワトソンを招いた。ワトソンはクレアカレッジで出されるわびしい食事に嫌気がさしていたので、夕食時にただ腹を減らして現れたものだった。

科学の話をひっきりなしにする共通の情熱が、この二人の本質だった。どちらかが意味のはっきりしないことを話しても、不たしかで推論的な考えを共有してもまったくかまわない。事実の海岸から離れすぎることなく、未知の大海を探検することができた。「われわれはお互いに遠慮がないことを、もっと的を射た言い方をすれば、無礼になることをまったく恐れなかった」と、クリックは何年も後に語った。科学の世界では、公式の場での不たしかな推論はやめさせようとするもので、非公式的な場でも、そうした推論を受け入れる科学者はきわめて少ない。クリックとワトソンは、後年、次のように認めている。自分たちの友情には、兄弟のような関係があった。そして、尊敬しながら、でも競争的な関係は保ちながら、ワトソンが弟役をしきりにしたがっていた。

絶え間ないおしゃべりに激怒して、ペルーツとケンドリューは、自分たちの研究室から出た廊下の先にある、ちょうど空いていた部屋にクリックとワトソンを押しこんだ。この部屋はキャヴェンディッシュ研究所オースチン棟の一階にあった。建物は、自動車メーカーのオースチン卿が一九三九年に開設し、長方形のレンガ造り四階建て。押しこめられた部屋は二〇×一八フィートの広さがあり、天井が高く、一三フィートあった。今日でもほぼそのまま残されており、壁には白塗りのレンガが変わらず並び、幅広の木摺《きずり》の一つに、最初に描かれたDNAの図がピンで留められている。金属枠の大きな二つの窓は東側を向き、無秩序に配置されたほかの建物を見わたしている。はじめはクリックとワトソンしかいなかったその部屋に、間もなく、新しいメンバーが加わることになった。

一つだけ問題があった。クリックもワトソンも、DNAの研究に対して給料を支払われていなかったのだ。クリックのテーマはヘモグロビンということになっていた。ワトソンはミオグロビンだった。研究室でいくつか悲惨な経験――クリックは、吸引ポンプにゴム管をちゃんとつながず、研究室を二度も水浸しにしていた――をしてからは、彼らの指導教官は誰も、二人が研究室からいなくなったことを惜しみはしなかった。しかし、それからも二人はさぼり、新たな実験データは何一つなかった。最良のデータは何もかもロンドンのキングスカレッジにあった。ワトソンに刺激されて、ある週末、クリックはとうとうモーリス・ウィルキンスをケンブリッジに招待した。彼からさらなる情報を聞きたいと思っていたのだ。

ナポリへの旅の後も、ウィルキンスは勤勉に働いていた。ナポリに行ったのは、イカの精子を集めるためだった。彼は精子の頭部（そこはDNAで満たされている）のX線写真を撮り、シグナーが調製したDNAの写真のパターンが、どのDNAにもあてはまるかどうかをたしかめようとした。同じパターンはイカの精子にも出ていたし、ニシンの精子にもやはり出ていた。DNAにX線をあてると、どれも回折像の中心の上下にある「経線」上には斑点がないパターンがえられた。キングスカレッジの物理学者アレクサンダー・ストークスによれば、この事実はなにがしかのらせん構造の存在を意味していた（側面から見るとらせんはジグザグ構造をしていて、両者の間隔を変えることなく、ジグザグ構造のうちのジグの部分がX線を片方に回折させ、ザグの部分がX線を逆方向に回折させる）。ウィルキンスは、七月にペルーツがケンブリッジで主催した研究会でこの写真を見せ、らせん形を含んでいるというD

ＮＡの一般的な構造についての議論を繰りかえした。らせんの上昇する角度が四五度にちがいないこと、らせんの直径が二〇オングストロームであること、一回転に要する「高さ」が二七オングストロームであることにいたるまで、自身の考えを示した。クリックは後ろの方に座っていた。ちょうど、彼自身がらせんについてひらめく三か月前だった。ひらめいたときはひどい頭痛でグリーンドアにいたが、ウィルキンスの話などまったく思いだしもしなかった。ワトソンがやってくる前、一九五一年夏には、クリックがＤＮＡに興味がなかったことを示すいい例だ。

皮肉なことに、七月にケンブリッジで講演をしている間にも、ウィルキンスの大勝利は消え失せていた。ロンドンに戻るときに、彼は最近やってきた同僚のロザリンド・フランクリンに挨拶された。彼女は、静かだがはっきりとＤＮＡの研究をやめるように伝えた。「顕微鏡に戻ってください」と言い放った。フランクリンは、ランドールが自分にＤＮＡの研究をやるように指示したという単純な理由から、キングスカレッジでのＤＮＡ研究は自分がすべきであると考えていた。ランドールは、ウィルキンスがＤＮＡ研究を諦めることを望み、その前の一二月に熟練Ｘ線実験者であるフランクリンを採用し、ＤＮＡの仕事を引き継がせたかったのだ。そして、実際、彼は暗にそう言っていた。ただし、唯一、ウィルキンスに告げることだけ怠ってしまった。ウィルキンスの方は、フランクリンが採用されたのは自分の補助のためだと思っていた。

ロザリンド・フランクリンはケンブリッジ大学で教育を受けた物理化学者だった。裕福で名門のユダヤ人家庭の出で、彼女の大叔父サミュエル卿は、バルフォア宣言、つまりはイスラエルの建国につながる覚え書きを記した元内務大臣である。祖父はカイザー銀行の古参の組合員だった。ケンブリッジを出た後、彼女は石炭、グラファイト、その他の炭素物質構造を研究するためにパリに行った。機転が効き、X線を巧みに扱ってパリで名をあげた。伝統にとらわれないパリのうきうきした雰囲気から、ランドールに雇われて風通しの悪い階級的なキングスカレッジに移り、彼女は早々に悲しい落ちこんだ気分になった。少なからず、かなり物静かなウィルキンスの風変わりな態度のせいでもあった。ウィルキンスが、聞き手の九〇度横から飛ばすとりとめのない会話は、決して的を射ているようには思えず、また彼がDNAを自分に手わたすのを嫌がっているようにも思えた。一方彼女はDNAにはまったくなじみがなく、DNAを生物学的でなく、化学的な対象としてとらえ、取りかかった。

七月にウィルキンスと対立してから、フランクリンはX線装置を再度組み立てるのにその夏を費やし、ゴスリングに助けてもらいながら、ウィルキンスが取りくんでいた「シグナーのDNA」のX線写真を撮りはじめた。ウィルキンスがまだ「彼女の」プロジェクトにかかわっていることにも悩んでいた。ウィルキンスの方は、共同研究ができると期待していたのに、彼女に拒絶されて驚いた。ウィルキンスは煮え切らない態度を示し、フランクリンはとげとげしくぶっきらぼうであったために、二人は最悪の状態になってしまった。一〇月のある週末、ケンブリッジで、ウィルキンスは「君たちがまったくわからないのと同じように、僕も彼女が何を見つけたのかよくわからない」とクリックとワトソンに告げた。ウィルキンスは、フランクリンたちが企画する一一月二一日の研究会で、さらなる情報をほしいと思っていた。

ワトソンはすぐ、自分もその研究会に参加してもよいかどうかをウィルキンスに尋ねた。クリックが行くとより不穏な状況になりそうだし、クリックはまだＤＮＡをついでの興味対象としてしかとらえていない。数週間後、ワトソンは列車でロンドンへ向かい、フランクリンの新しい写真を見せてもらった。それは前よりも注意深く調製したサンプルを使って、いい装置で秋に撮られたものだった。装置の中の湿度を一定に保つために、飽和した塩の溶液を使い、以来「Ｂ型」として知られている、水分を含んだ「準結晶」の状態でＤＮＡ写真を撮影することができるようになっていた。彼女のノートには「らせん構造を示唆している」と書かれており、やはり、少なくとも一つの形態はらせん状であると考えていた。

研究会で、フランクリンは、より乾燥したＡ型結晶について非常に重要な事実を語った。Ｘ線から、結晶の「空間群」が何であるか、別の言い方をすれば、結晶がどのような回転対称性をもっているかを計算できた。それはＣ２、すなわち、一九世紀に描かれた二三〇種類の結晶の分類でいえば「面心単斜晶」だ。もし自分がこれを聞いていたらすぐにも歴史を変えただろうと、クリックが後に主張した内容である。単斜晶の物体には二回対称軸があり、この軸のまわりに一八〇度回転させると元と同じように見える。先端同士をちがう向きにテープでつなげた二本の鉛筆は単斜晶の物体である。先端同士を同じ向きにテープでつなげた二本の鉛筆はそうならない。面心ということから、対称軸はＤＮＡ繊維の軸に対して垂直であり平行ではないということが、クリックにはわかっただろう。対称軸はいくつかの分子からなる一つの結晶を突きぬけているのではなく、一つの分子を突きぬけていると断言できるデータをフランクリンが示した以上、クリックならその時点でそれぞれの鎖が逆方向に走る二本鎖らせん構造のモデルを作りあげていたにちがいない。おそらく写真の意味を即座に感知できる一人だ。彼が扱っていたトリプシン阻害剤というタンパク質は、トリプシンに結合すると酸素結合型ヘモグロビンの場合と同じように、面心単斜晶の結晶になった。その秋、クリックは勢いよく独学の回折理論に息を吹きこもうとしていた。

だが、クリックは研究会に行かなかった。まさにその翌朝、ケンブリッジからロンドン経由の列車で、オックスフォードへ向かっていた。そして、この機会を最大限に利用して、ドロシー・ホジキンに、自分のらせん理論の新発見について語った。ワトソンはパディントン駅でクリックに合流する。列車の中で、クリックはキングスカレッジの研究会やロザリンド・フランクリンの新しい写真はどうだったかについて、質問しはじめた。だがワトソンはノートを取っていなかった。結晶学をわずか一か月余りしか学んでおらず、しかもDNA繊維中の水分量などとりわけ重要な点をいくつか間違えていた。もちろん空間群については何も説明できなかった。それでも、最低限、鍵となる数値は覚えていた。クリックは紙の裏に何か書きはじめた。オックスフォードに近づく頃、ロザリンド・フランクリンのX線の結果と自分自身のらせん理論の両方を満たすような配置は数少ないと判定した。そして自分たちもポーリングをまねして、実際に模型を作ってみるべきだ、と。ワトソンによれば、クリックは、その日オックスフォードで「DNA構造のアイディアを手に入れた」とみんなに語っていた。クライゼルとの昼食後、結合について事実をいくつか確認するため、ポーリングの教科書を探しにブラックウェル書店に飛びこんだ。

月曜の朝、ケンブリッジに戻って、ケンドリューから借りた金属製の原子と結合用の針金で、模型をいじりはじめた。炭素原子のまわりを針金で包んで、間にあわせに大きなリン原子にした。イーグルでグーズベリーパイを食べた後、熱心に模型作りを始め、グリーンドアでの夕食の前には、リン酸と糖からなる骨格が内側にあり、塩基が外側に突きでた三本鎖構造を組みあげた。なぜ、三本鎖なのか。結晶の密度から、少なくとも一分子あたり二本かそれ以上の鎖があると考えたからである。なぜ、リン酸が内側なのか。ワトソンの記憶によれば、フランクリンはそれぞれの単位格子の中に水は八分子しか含まれていないと言っていたからである。もしそうだとすると、リン酸の負電荷（ＤＮＡの酸性のもと）は、正に帯電した金属イオンと深く結合していなければならない。金属イオンを配置するのに、内側よりもいい場所はどこか。ワトソンは、マグネシウムイオンが中心部分にあり、鎖をつなぎ留めているという、今までなら思いもよらない乱暴な仮定をした。これでだいたい正しい寸法のらせん構造になった。火曜日、クリックはウィルキンスに電話をかけ、ウィルキンスは水曜日にその模型を見に、フランクリンを含む四人とともにやってきた。ケンブリッジで模型ができたというニュースは、キングスカレッジにパニックを引き起こしていた。

一行が到着し、クリックがらせん構造の回折理論を短く話した後、フランクリンは模型をちらっと見て、くだらないと言い捨てた。単位格子あたり水八分子どころではなく、格子点あたり八分子だという。つまり二四倍も多くの水分子があったのだ。優秀な物理化学者のフランクリンには、金属イオンはすべて水分子に取り囲まれている必要があることがすぐにわかった。目の前にある構造のように、マグネシウムイオンがむきだしの形で存在するはずはない。彼女は、リン酸は外側に位置すると確信していた。というのは、DNA繊維が水分を含み、結晶（A）から準結晶（B）に変換するとき、水分子はナトリウムイオンを、DNA分子の内部からというよりはむしろDNA分子の間から引き剝がすからである。キングスカレッジのグループは軽蔑の眼差しを隠そうとしなかった。全員でイーグルに行った昼食後には、クリックからほとばしっていた喜びの表情は消え失せていた。ゴスリングの記憶に残っている中ではじめての、クリックとワトソンが沈黙させられた「とてもすがすがしい瞬間」である。

彼らは他人の芝生に入りこみ、とても恥ずかしい思いをしたのだ。ウィルキンスはすぐにクリックに手紙を書き、礼儀正しく、DNAには手を出さないでくれるように頼んだ。ブラッグはランドールと話をするだろう。そしてブラッグは、クリックとワトソンがDNAから完全に手を引くことを求められ、クリックに博士論文に戻るように命令するだろう。すべては避けられないことだった。模型作製に使われた部品までも、謝罪の意志表示としてキングスカレッジに手わたされた。しかし、キングスカレッジで唯一、模型作りをやりたがっていたブルース・フレイザーは、ちょうどオーストラリアに行ってしまっていた。とにかく、キャヴェンディッシュ研究所で行われた最近の二つの試み（最初はブラッグ、ペルーツ、そしてケンドリュー、次がクリックとワトソン）は大失敗だったのだ。フランクリンは、結晶学で試行錯誤する方法は時代遅れであり、帰納的な方法にこだわることが進むべき道であると強く確信していた。

一九五二年初頭、モーリス・ウィルキンスは、ミュンヘンにいるドイツ人のガールフレンドに会いに行って、憂鬱な気分を追い払おうとした。続いて、さらなる「シグナーのＤＮＡ」を求めてベルンに行き、その後イカの精子を手に入れるためにナポリに戻ってきた。インスブルックからチューリッヒへ向かう列車の中で、彼はクリックに手紙を書いた。

フランクリンはよく吠えますが、私に噛みついてはいません。私は、君たちとわれわれの間のＤＮＡをめぐる「仕事」について話しはじめようとは思いませんが、われわれみんなの最新のアイディアや結果を、君と再び討論することを楽しみにしています。……君が示した提案のいくつかはとても価値があると思いますが、リン酸が外側になければならない理由は、まったくもって確信しています。ブラッグが吠えたり、噛みついたりしないことを願います。

手紙の余白には、イカの精子にＸ線をあてて撮れたきれいな回折像を示す絵があった。層になっている線がＸ字型で、ロザリンド・フランクリンが撮ったＢ型写真の一番出来がいいものによく似ている。その絵は「らせん」と叫んでいた。しかし、クリックはもはやＤＮＡから離れていたのだ。

第5章

大勝利

一九五二年になると、ＤＮＡ構造の研究をまともに進めていたのは、もはや、ロザリンド・フランクリンと彼女の仕事を引き継いだ学生のレイモンド・ゴスリングだけだった。ウィルキンス、ワトソン、クリックは別の道へと送りだされていたし、ほかのＸ線研究室はこの競争に加わらなかった。アストベリーとホジキンは別の仕事をしていた。バークベックカレッジのバナール研究室では、唯一、スヴェン・ファーバーグがＤＮＡの研究をしており、塩基の平面は糖の平面と垂直になっていると鮮やかに解明し、一本鎖モデルを作ろうとしていたが、ノルウェーに戻らなければならなかった。遠くカリフォルニアのライナス・ポーリングだけはまだ自由に考え続けていたものの、Ｘ線データを手に入れることができなかった。ポーリングから、ウィルキンスの写真のコピーを送ってくれというかなり押しの強い要求があったが、ランドールはきっぱり拒否した。そこでポーリングは一九五二年五月に開かれるタンパク質の会議でロンドンに行って、キングスカレッジを訪ねようとしていた。だが、歯に衣着せぬ反核平和主義者としてもポーリングはその名を知られた人物である。ジョー・マッカーシー上院議員の圧力がかかり、アメリカ国務省はポーリングのパスポートを無効にしてしまった。

実は、化学面からDNAの研究をしている生化学者がまだいた。ケンブリッジで真向かいにある研究室の生化学者アレクサンダー・トッドはその一人。糖とリン酸の鎖の正確な結合様式を明らかにしていた。それぞれのリン酸は、糖の三番めの炭素と、さらに次の糖の五番めの炭素に結合していた。この、三－五－三－五……、つまり三が上で五が下、あるいはその逆というふうに続く結合パターンが、DNAの骨格に向きを与えていた。また、DNA研究の最も有名な生化学者はコロンビア大学のエルヴィン・シャルガフで、かなり尊大に振る舞うオーストリアからの移住者だった。彼が窒素を含む塩基について興味をそそる事実を発見した。生物の種ごとに塩基の割合はちがうが、そこにはきちんとした対称性があった。つまり、アデニンの量はチミンの量と同じであり、シトシンの量はグアニンの量と同じだったのだ。ただしシャルガフは、この比が何を意味するのかわからなかった。

一九五二年五月の最終週、シャルガフがケンブリッジにやってきた。ケンドリューは、ピーターハウスカレッジでの昼食後にワトソンとクリックを呼び、彼に会わせた。その顔あわせは悲惨なものだった。自尊心が高く博学なシャルガフにとって、「未成熟な」ワトソンも十分ひどすぎたが、留まるところを知らないクリックははっきりと不快だった。クリックは金切り声でひっきりなしにしゃべる。とめどもない濁った無駄話の中に時折きらりと光る金塊のかけらのような姿も見せはしたが、競馬のしょぼくれた予想屋のような表情で、何かホーガスの絵画「放蕩一代記」から出てきたようでもあり、クルックシャンクやドーミエの風刺絵のようでもあった。そしてクリックがシトシンとチミンについて知らなかったことは隠しようもなかった。また、シャルガフの塩基の比も聞いたことすらない。シャルガフは、クリックのことを「いかにもイギリス的知性を身につけてはいたが、仕事をせずに、口数ばかり多い」と思って帰っていった。塩基対の発見にもう少しで到達できたことを苦々しく実感しながら、後年、彼は分子生物学全般に精通する信頼できる批評家になった。「今日、こんなちっぽけな奴らがあんなにも大きな影を作るとは、なんと日が傾いてしまったことか」。

しかし、クリックにとって、シャルガフによる塩基の比の知らせは晴天の霹靂だった。というのは、DNAにまた立ち戻って、もし塩基がらせん構造の内側にあるならどうすれば塩基が対を作れるかを考えていたからである。塩基はお互いが重なりあっていて、ともかくも遺伝情報をなんとか綴り、その情報が複製されることを想像していた。塩基配列が一式、直接写しとられるような、より確実な対を心に描いたのだ。パブでは、生化学者になるための教育を受けてきた若い数学者のジョン・グリフィスとそのことを議論していた。グリフィスは塩基について考え、アデニンはチミンを引きつけ、グアニンはシトシンを引きつけるという計算結果をもって戻ってきた。素晴らしかった。複製は相補的に起こりうる。一つの情報がコピーされるともう一つの情報が生みだされ、それがまたコピーされると反転して最初の情報に戻るのだ。AがBを作り、BがAを作る。ちょうど写真のネガのように、あるいは、鍵穴と鍵のように。

なので、クリックがシャルガフの比（アデニン＝チミン、グアニン＝シトシン）について聞いたとき、彼は飛びだして、塩基がグリフィスのいうような対を組んでいるかをたしかめようとした。七月の最終週、ワトソンはパリの会合に出向いた。クリックは溶液中で塩基対が検出できるかどうかを調べるため、研究室でさらに実験を試みた。もし塩基対が形成されれば、紫外線の吸収が弱くなるという原理に基づいている。しかし実験は失敗し（効果が弱すぎて検出できず）、自分のタンパク質研究に戻った。偶然にも対を作ることに関してグリフィスは正しかったが、理由はまったく間違っていた。実際の塩基はドミノのように端っこ同士が対を作るのだが、彼とクリックはその塩基が平面を交互に挟みあって対になると考えていた。そのような形でも、コピーされて反転した配列が再びコピーされて元通りの塩基の配列になるというアイディアが、クリックの頭に浮かんでいた。

その夏、ロザリンド・フランクリンが動物学科のある会議にやってきた。そこでクリックは彼女に会った。彼女に会うのは二度めだった。紅茶を待つ列に並んでいると、彼女は、A型のDNAはらせん形ではないと考えているとクリックに告げた。ある一枚の写真のX線が、どう考えても、対称的ではなかったのだ。ある一方向の線上に現れた斑点は、鋭角方向に交わる線上の斑点よりも強く出ていた。ちょうど、ポーリングが、αヘリックスから構成されるタンパク質がほどけて、いわゆるβシートになることを見つけたように、乾燥したA型は、B型のらせんがほどけた形だと信じているようだった。こうしたこともあり、彼女はすでに七月一八日に「DNAらせんの死（結晶性の）」と書かれたわざとらしい葬儀告知を、やや当てつけ気味にウィルキンスに通達していた。そしてウィルキンスはしぶしぶ納得した。だが八月の会議で紅茶の列に並んでいたクリックは納得しなかった。たった一つのデータでどんなに素晴らしい理論でも駄目になってしまうということに慣れていない。クリックは、相変わらず非対称性は紛らわしいと論じた。それぞれの結晶中で異なるDNA分子が平行に充填される際のわずかな違いによって引き起こされている可能性があり、分子の構造とは無関係であると考えたのだ。後に判明するが、彼の直感は正しかった。ゆっくりと何か月もかけ、フランクリンは、円筒パターソン図を重ねあわせて丹念にA型から情報を引きだしていた。そして、いつものように、彼女は事実の上に推測を押しつけるのではなく、事実からのみ物事を語ろうとしていた。

一九五二年秋、クリック一家はポルトガルプレイス一九番地の新しい家に移り住んだ。UCLでフランシスに必要な大学院の学費を工面していた叔父のアーサーが、家を買う資金をクリックたちにくれたのだ。新しい家は一対の背の高い狭い建物の片方だった。ブリッジ通りにある、一二世紀にできたラウンド教会を曲がった静かな歩道に面し、メイポールという名の現代的なパブの隣にあった。急な石の階段を五段あがると玄関で、木枠でできた三面の出窓が幾重にも重なって外へ突きでていた。屋根裏部屋と地下室まである五階建てだったが、とても狭い家だった。一九五一年七月にガブリエルが生まれて以来、マイケルは祖母のアニー・クリックと住んでいた。アニーはノーサンプトンの家を売り、ケンブリッジの西のはずれ、ニューナムのバートン通りにある大邸宅に移った。彼女は一階に住み、ほかの階をアパートとして貸していた。アニーと妹のエセルは、〔ベダレススクール〔イギリス・ハンプシャーにある私立学校〕の中学校である〕全寮制のダンハーストスクールをマイケルのために選び、二人で費用を工面した。

クリック家の生活は、どんどん社交的になっていた。ワトソンは、よく日曜日に食事にやってきては、まだ実現していない愛の生活をどのように始動させたらよいのか、助言を求める。オディールは、子どもが生まれる前は工科大学（現アングリア工科大学）で服飾史の講義をするだけだったが、この頃は悠々として自由奔放な芸術家仲間とつきあいはじめていた。そして、フランシスはキーズカレッジで自由に食事をできたが、ここからもインテリたちを連れてきた。時折カラフルなベストを着させられ、ケンブリッジのさまざまなところへダンディな風貌で現れた。たしかに自分の外見には苦労していたが、科学の世界では特筆事項だ。大学人で『ヴォーグ』読者は珍しい。クリックは歴史上の偉大な科学者たちの間でも目立つ。それは彼が風変わりでも、内気でも、何かに取り憑かれているからでもない。社交的で外交的な人物だったのだ。

ワトソンがいうように、その秋にクリックがコイルドコイルでポーリングを打ち負かして以来、「ケンブリッジの内外で、フランシスは天才であるという認識が強まっていった。クリックを笑いながら話す機械だと考える、意見を異にする者もわずかにいたが、クリックは意にも介さず、常にゴール地点まで見すえて問題をとらえていた」。だからこそ、突然、六千ドルの待遇でニューヨークのブルックリン工科大学へ、一年間招待された。デイヴィッド・ハーカーはタンパク質のX線研究チームを集めており、クリックが最高のメンバーだと聞かされていた。招待は翌年にもあった。クリックは申し出を受け入れ、アメリカへのビザを申請した。

その頃、ワトソンとクリックは、キャヴェンディッシュ研究所の大部屋に、アメリカ人の同僚を新しく二人迎え入れた。一人はライナス・ポーリングの元学生のジェリー・ドナヒュー。もう一人はライナスの息子のピーター・ポーリング。真面目な父親とはちがい、息子は思索よりも、ケンブリッジの女の子をくどき落とすことに熱心だった。クリスマスの一週間前、ピーター・ポーリングは、自作模型からDNAの構造を解明し、論文を出版社に送ったという父からの手紙をクリックに知らせて、驚かせた。悪夢だ。キングスカレッジの連中が事実上DNAの研究を独占していたが、何も成果を出せていない。そのだらだらした一年で、ポーリングが追いついてきた。おそらく、ポーリングは再び打ち負かすだろう。クリックはポーリングという鬼を恐れて、早く行動しろとキングスカレッジの連中に一年以上ずっと訴えてきた。ピーターはその様子を父に手紙を書いて伝えた。ついにその鬼がやってきたのだ。

ポーリングの論文原稿がキャヴェンディッシュに届いたのは、一九五三年一月二八日のことだった。ピーター・ポーリングとブラッグはその写しを受けとった。ワトソンとクリックが写しを拾い読みするにつれ、絶望は再び希望に変わっていった。ポーリングが出した構造は、不自然なくらい、彼らが一年以上前に考えたものと同じだった。三本鎖が互いに絡みつき、塩基が水平方向に飛びでていた。しかし、水分子でなく、想像上のマグネシウムイオンを真ん中に置いて、分子がぎっしりと結晶中に充填している問題を解決するにはほど遠く、かなり格好の悪いへまをポーリングはやらかしていた。芯の部分にはこの上なくぎっしり詰めこんだが、イオン化していないリン酸の間の水素結合を介している。これでは化学的に意味がない。DNAが酸ではなくなってしまう。

二日後、ワトソンは、キングスカレッジで今では伝説的となった場面を演じた。彼はロザリンド・フランクリンにポーリングの原稿を見せた。そのことで彼女はいらつき、ワトソンは自分が批判されるのではないかと恐れた。そして、ウィルキンスとともに別の部屋に退くと、フランクリンとゴスリングがこの五月に撮ったほとんど完璧なＢ型の写真を見せられて、驚いて立ち尽くした。ウィルキンスがその写真をもっていたのは、フランクリンがキングスカレッジを離れて、バークベックカレッジに移る準備をしており、写真、プロジェクト、ゴスリング、その他すべてを、ウィルキンスにわたしていたからだった。

ワトソンは、ＤＮＡは明らかにらせん構造であるというニュースとともに、急いでケンブリッジに戻ってきた。クリックは一年前に、ウィルキンスがオーストリアの列車で書いて送ってきた手紙にあった絵から、そう察するべきだった。それだけではない。ワトソンは事実をもう一つ携えてきた。写真からではわからなかったが、おそらくウィルキンスとの夕食で集めたのだろう。写真の一番下ばかりでなく上部にも、非常に濃い黒いしみがあり、層になっている線が正確に一〇本あったという事実だった。つまり、それぞれのらせんで、一巻きあたり一〇個のヌクレオチドがなければならない。一〇個のリン酸、一〇個の糖、そして一〇個の塩基である。二つのヌクレオチド間の距離は三・四オングストロームだったので、Ｂ型らせんのピッチは二七オングストロームでなく、三四だった。

一九五二年の間ずっとキングスカレッジに通い、それまでモーリスと接触を続けたのはワトソンだった。塩基対について議論しようと、クリックもウィルキンスと昼食をともにしたことがあったが、完全に失敗に終わっている。ブラッグのところに行ったり、もう一度、自分たちの模型を工作室に作ってもらうように頼んだりする役回りをしたのもワトソンだった。ブラッグは理解した。猶予期間は終わったのだ。キングスカレッジの面々では、ポーリングという鬼を防げない。もはやワトソンとクリックを自由にしなければならなかった。そして、二月の最初の週に、ワトソンはDNA模型を組み立てはじめた。クリックは疑っていたのだが、ワトソンはDNAが二本鎖だと主張した。クリックはまだ納得できなかったが、B型からA型へ収縮するにはDNAは三本鎖でなく二本鎖でなければ説明できないことを、ワトソンははっきりと理解した。さらにワトソンが言うには、生物学的な物事は対で起こる。最初、ワトソンは内部にリン酸骨格があることに固執していた。しかしワトソンがうまくいかないとぶつくさ言うと、クリックはリン酸を外側に配置してみたらどうかと提案した。そのときワトソンは、それでは簡単すぎると答えた。自分の博士論文に集中しているふりをしながらも、それならますます試してみる価値があるとクリックは返した。

二月八日日曜日、ウィルキンスはポルトガルプレイスに昼食にやってきた。ピーター・ポーリングとジム・ワトソンもそこにいた。彼らは食事をしながらもウィルキンスを説得して、すぐにも模型作りを始めさせようとした。彼はフランクリンがいなくなる三月まではやりたくないと答えた。その日の午後、クリックは質問を直接投げかけた。「じゃあ、もし僕たちがやってもかまわない?」。ほんとうはすでに始めていた。長い沈黙があった。苦悶したウィルキンスは、可哀想にも、DNAの物語に復帰するチャンスを逃すことになった。彼はその質問を「ひどい」と思ったが、同意せざるをえなかった。

数日後、クリックは、先の一二月にMRC向けに書かれた、キングスカレッジの短い研究報告書をマックス・ペルーツから受けとった。これがペルーツ側の背任行為であったかどうかについて、一〇年後にペルーツ、ブラッグ、そしてランドールの間で、文書が山のように交わされた。ペルーツは、その報告書に「機密書類」とは記されていなかったと主張し、実際、MRC内で回覧するつもりのものだった。ランドールは、それでもなお私的なものとして扱われるべきだったと主張した。それはクリックにとって、きわめて重要なことだった。彼はたまたまそこにはいなかったが、報告書には、すでに公の会合で発表されていた内容が書かれていたからだった（とくに一九五一年の研究会についてであったが）。そこには、フランクリンによる、次のような文章があった。「A型の結晶は、C軸を繊維の軸と平行に配置した面心単斜晶の単位格子を基盤としている」。続いて、彼女は単位格子の寸法を見積もっていた。一九五一年一一月のセミナーでもそうだったように、ここからすぐにクリックは、二本の鎖が反対方向に走っていることを察知した。単斜晶であるためには、この構造には、上下関係が逆さまでない状態と逆さまの状態が同じだけ含まれていなければならなかったからだ。クリックは後に、「これこそきわめて重大な事実だった」とホレス・フリーランド・ジャドソンに語った。「さらに、単位格子の寸法から、（審議会報告書にもあるが）対になるものは、その分子鎖に対して垂直でなければならないことが証明された。また、複製は、単一の分子内で起こることが示唆された」。

視覚的にものごとを把握する能力に長けたクリックの出番だった。鎖が同じ方向に走ると、らせんの半回転ごとに同じ構造が繰りかえされる。もし、鎖が反対方向に走ると（すなわち、一つの鎖が糖の三番めの原子から五番めの原子の方向へ、そして、もう一つの鎖が糖の五番めの原子から三番めの原子の方向へ向かっていると）、そのとき、同じ構造の繰りかえしはそれぞれのらせんが一回転、まるまる全部回った後に現れる。これなら一〇個のヌクレオチドを窮屈な状態で一八〇度に収めるのではなく、三六〇度の間に余裕をもって配置でき、それぞれの糖と次の糖との間の角度は一八度ではなく三六度にすることができる。ワトソンはその点に関しては理解できなかったし、理解しないだろうから、ワトソンがテニスをしている午後、クリックが一人で模型を作り直し、メモを残した。「これだ、三六度の回転」。彼らの経験した「ユーレカ・モーメント〔わかった！　と思った瞬間〕」だが、このときはすべてクリックのユーレカ・モーメントだった。

もう一つの「ユーレカ・モーメント」が来ようとしていた。今度はすべてワトソンに起こった。クリックもワトソンも、構造の中央にいかにして塩基をはめこむかについて、いまだになんのアイディアもなかった。ワトソンは、塩基がドミノのように、お互いに端から端まで水素結合を形成しうることを理解しはじめていた。クリックは気づかない。主として、塩基の原子の配置は、異なった互変異性体の間でランダムに変換できると考えていたからであり、そんな不安定な構造間でどうしたら水素結合が存在できるかわからなかった。初歩的な化学的間違いもしていた。互変異性体は二つの異なった原子の配置であるが、それぞれの配置自体は完全に安定である。ワトソンにはこれが問題となっているようには見えなかった。そのときワトソンは、一方の鎖のアデニンはもう一方の鎖のアデニンと対を作るという、厳密な組みあわせのアイディアに興奮していた。ちょうどジェリー・ドナヒューが自分の机からやってきて、「『ケト型』の配置でなく、『エノール型』という、時代遅れでありえない

（まったく間違っている）互変異性体を、ワトソンはそれぞれの塩基について使っている」と言った。ワトソンは工作室から新しいケト型塩基の模型が来るのを待ちきれず、かわりに図案を書いたボール紙を切り抜いて模型を作った。二月二七日金曜日の夕方にその作業を完了し、家に帰った。

二月二八日土曜日はよく晴れた春の日だった。ケム川の土手に沿って、クロッカスが咲いていた。ワトソンはほかの者よりも早く仕事に来て、自分が作ったボール紙の塩基で遊びはじめた。まったく突然、一度見たら二度と忘れられない何かを見た。平行な水素結合の距離を保ってチミンと対を作ったアデニンは、グアニンと対を作ったシトシンと、完璧に同じ形をしていた。それぞれの塩基対はほかの塩基対と同じ形で、らせんの芯のどこにでも配置できた。

ワトソンがこの発見をしたその瞬間、ドナヒューが入ってきた。クリックが午前の散歩から帰ってくると、ワトソンはびくびくしながらその塩基対をクリックに見せた。クリックは即座に、正解だと確信した。理由は二つある。第一に、シャルガフの比を説明していた。第二に、そこには正しい対称性があった。つまり、それぞれの塩基と鎖をつなぐ結合は、対となる塩基ともう一方の鎖をつなぐ結合と九〇度の角度をなす。この対称性こそ、塩基対を構成するそれぞれの塩基はもう一方の鎖上に反転させられることを意味し、同時にひっくりかえして回転させる場合に限られていた。まさに二本の鎖が反対方向に走っていることの証明でもある。再び、クリックのあの視覚化能力が発揮された。すべてのものがいまやそこにあった。αヘリックスのような実りのないことが証明されたのとはちがう。その構造には、生命そのものの本質への深遠な見識が息づいていた。そして、無限の可能性の暗号があった。塩基はいかなる順番にも、どちらの鎖にも配置できる。一方の鎖に書かれたメッセージは、塩基対を形成するという単純な規則にしたがって、もう一方の鎖に相補的なコピーを作らなければならない。二本のらせんは水素結合を切って自らをほどき、それらの暗号を複製すればいい。遺伝の性質は、その構造から明白だった。

イーグルに昼食に出かけ、クリックが一パイントのビタービールのグラスを傾けながら、みんなに聞こえるような大声で、「僕たちは生命の秘密を解明した」と叫んだ。ワトソンはそう述懐する。クリックはこの場面をまったく覚えていなかったが、その晩、オディールに自分たちが大きな発見をしたと告げたことは記憶にあった。一方、彼女はとくに気にも留めなかった。「彼はいつもそう言っていたもの」。クリックは自信があったが、ワトソンは不安を感じていた。その後の数週間、自分たちが間違っているのではないかという恐怖の中にいたのがワトソンで、一点の曇りもなく自分たちの正しさを信じられたのがクリックだった。「おかしいのは、その構造について、ジムが非常に神経質になっていたことだ。ジムは、僕が人に説明することを嫌っていたもの」。

一日中ひたすら説明するのが、クリックの仕事になった。ペルーツ、ケンドリュー、ブラッグ、生化学者のトッド、いろいろな物理学者、その他の人たちが模型を見るために集まってきた。工作室が細い真ちゅう管の結合部分を含んだ亜鉛メッキの金属板でできた模型の塩基を作るやいなや、クリックは下げ振り糸と定規を用いて、模型を根気よく作り直し（クリック曰く「ジムはその種の作業がとても苦手だった」）、三月七日土曜日に完成させると疲れ果ててまっすぐ帰宅し、寝入った。その模型は彼らの部屋のテーブルの上に置かれていた。高さは数フィート。水平方向の塩基は、垂直方向の支持体に留め金でどれも不細工に留められていた。まさにその日、何も知らずに、ウィルキンスはクリックに手紙を書いた。「私のところの暗い女は来週いなくなります。……やっとデッキはきれいになり、われわれはすべての労力をポンプに向けることができます。もうそんなに時間はかからないでしょう」。ウィルキンスに電話をして、事を告げたのはケンドリューだった。ウィルキンスは三月一二日にやってきた。そして不機嫌になった。その構造は完璧すぎて、間違いの入る隙さえないことをすぐに理解した。だが、つらい失望感は隠せなかった。自分自身で模型を組み立てはじめようとしたその週末に、二人の友人がその仕事をやりとげてしまったのだ。生物学全体で最も有名になるであろう論文で一緒に著者にならないかという、ワトソンとクリックの申し出を断った。

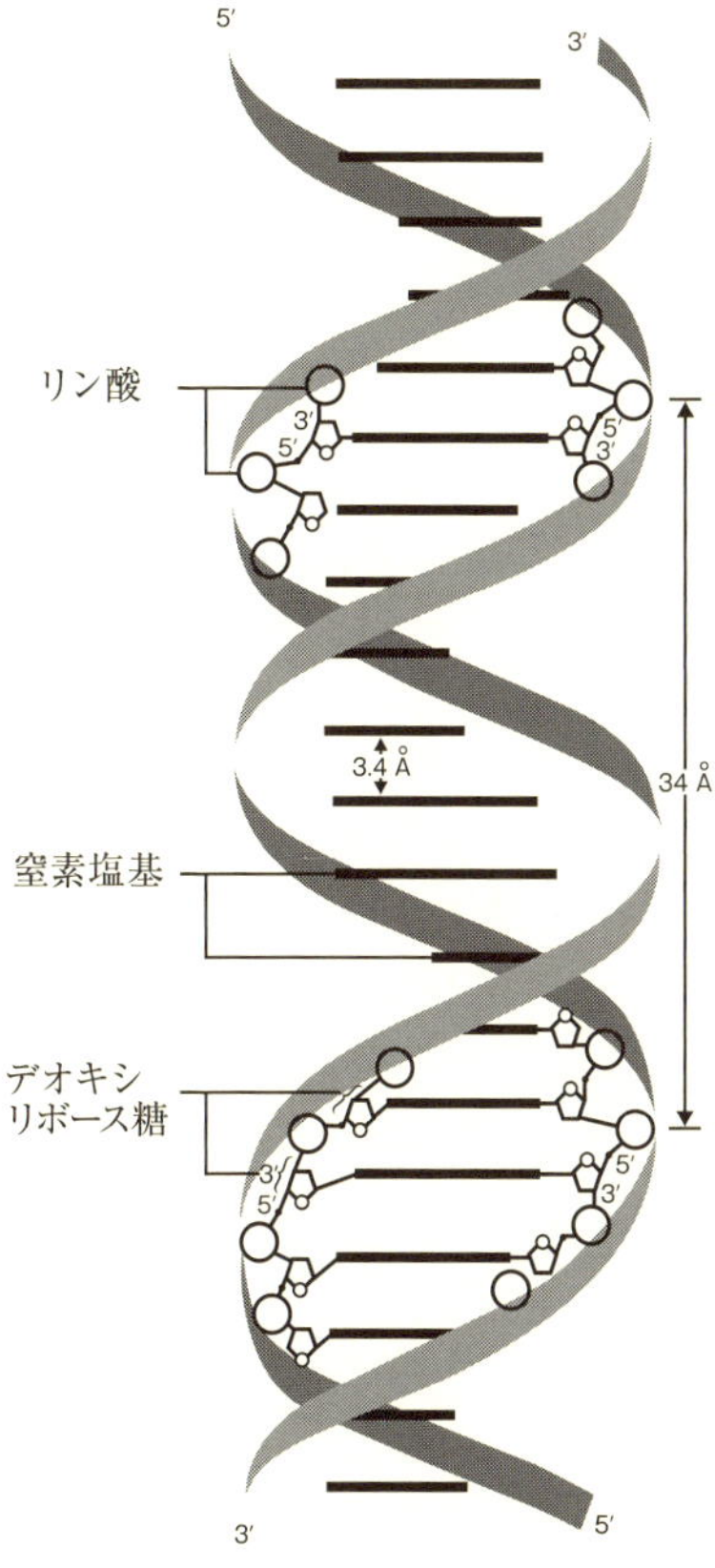

二重らせん

とうとう、三つの論文を同時に掲載するという『ネイチャー』編集部の案に、ブラッグとランドールも同意した。一報めはワトソンとクリックによる論文（名前の順番は硬貨を投げて決めた）、二報めはウィルキンスとストークスとヘルバート・ウィルソンによる論文、そして三報めがフランクリンとゴスリングによる論文である。ワトソンとクリックの論文の草稿はクリックが書いた。当時、ケンブリッジに住んでいたワトソンの妹ベティーがタイプし、細い横棒でつながれ絡みあう単純な形をした一対のリボンの図は、オディールが描いた。三月一八日にロンドンに戻り、彼らの論文の草稿を受けとったウィルキンスは、次のように書けるまで落ち着きを取り戻していた。「私は君たちを古くさい悪党だと思っていましたが、たしかに何かをやりそうでした」。そして、次の葉書で「『非常に多くの未発表の実験データがあることが知られている』という文を削除していただけますか?（これは少し皮肉に読めます）」と付け加えた。その論文は四月二日に『ネイチャー』編集部に送られた。

フランクリンが最初にその模型を見たのがいつなのかは、はっきりしているわけではない。彼女は、三月一四日土曜日にバークベックカレッジに引っ越してきてから、三月一七日になって自分の論文の草稿を書いた。「今度、四月一四日火曜日に、模型を見にゴスリングを連れていってよいか」とクリックに尋ねる手紙を四月一〇日付で書いているので、おそらく、この日が最初に模型を目にした時であろう。彼女も、骨の折れるパターソン計算の結果からも、細部にいたるまでその模型が正しいことをすぐに理解した。クリックは、フランクリンとゴスリングの原稿を見た。そこにあったデータは自分たちの模型の正しさを完璧なまでに確証していた。非常な驚きだった。リン酸と糖が外側にあり、二本の鎖があることを証明していたのだ。そして、そこにはワトソンはちらっと見ていたけれども、クリックは見たことのない有名な写真があり、四番めの層線上には（破壊的な干渉の結果）何の斑点もなく、Ｃ２空間群であることを劇的にも示していた。クリックはこの写真を見て（自分の視覚的直感を再び用いて）、二本の鎖は、垂直方向に同じように離れて配置されているのではないことを察知した。それらの間隔は、八分の三と八分の五の周期だった。「彼女のデータをもとに、われわれはよりよい模型を組み立てた」。

この頃には、ワトソンの不安な感情も落ち着きはじめていた。遺伝に関する意味あいについては決して推論的な言及をしたくなかったので、結局、有名な不可解な次の一文に同意するだけに留まった。「われわれが仮定した特異的塩基対が、即、遺伝物質の可能な複製機構をも示唆していることに、われわれは当然気づいている」。さらに、フランクリンの校正刷を手に、ＤＮＡの構造がもつ遺伝的な意味あいについて、第二の、より大胆な論文の草稿が書かれた。一般的にはクリックがこの論文を書いたとされるが、クリックによって図の説明といくつかの文章が付け加えられたその原稿は、今、ワトソンの手元にある。このことは、クリックが頼みにし、ワトソンはまったく理解できなかったＣ２の対称性についての議論がまだできていなかったことの説明になるかもしれない。

ワトソンは、五月一日に、ハーディークラブ（ケンブリッジの生物学者と物理学者の同好会的なグループ）で二重らせんについて話をした。上等なピーターハウスワインを飲みすぎて、しまいには「とても美しい、いいですか、とても美しい」と低いくぐもった声でしゃべっていた。五月二一日には、二人の若者と金属製の模型の写真を撮るために、フリーカメラマンのアンソニー・バリントン・ブラウンを、ジャーナリスト志望の学部生が連れてきた。『タイム』掲載用だ。バリントン・ブラウンは、かつて化学科の学生だった。陽気な気分で二人を見つけると、精いっぱい二人にポーズをとらせた。模型のそばに立ち、もったいぶって見せるように指示したが、「残念だが彼らはうまくポーズをとれず、私の努力は冗談扱いされてしまった」。どうにかクリックを説得して椅子の上に立たせ、計算尺で模型の特徴を示させた。一方、ワトソンはこのためにオディールに新しいジャケットを着させられ、反対側から見あげていた。『タイム』はその写真を一度も使わなかったが、バリントン・ブラウンに半ギニー支払った。そのうちの一枚が科学界で最も有名になったあの写真である。

とても意義深い春だった。エベレストがはじめて登頂され、エリザベス女王の戴冠があり、スターリンが亡くなり、『プレイボーイ』が生まれた。だから、何よりも重大なできごと——生命の謎が解かれた——は、かろうじてさざ波を引き起こす程度にすぎなかった。ベルギーで四月八日に始まったタンパク質に関するソルベー会議の際、ブラッグはこの発見を発表している。だが報道されなかった。ブラッグは五月一四日のロンドンでの会議で再び言及し、今度は『ニュースクロニクル』のリッチー・カルダーに取りあげられ、翌日、「あなたがあなたである理由——生命の秘密に近づく」という見出しで記事になった。そして、カルダーはこう結論づけた。「これらの化学的カードが、どのようにシャッフルされ、ペアを作るかを発見することに、今後五〇年間、科学者は忙しく取りくみ続けるだろう」。そのニュースは、次の日の『ニューヨークタイムズ』早版の読者には「細胞内の『生命単位』の形が調べられる」という不可解な見出しで届いたかもしれないが、この見出しは明らかに、後の版からとられたものだった。六月のある日曜版にも、クリックがほんの少し登場する短い記事が出たが、ほかに報道はなかった。

五月末、ワトソンは、二重らせんの新しい模型と六月に読む論文をもってアメリカに渡った。この模型は技師のトニー・ブロードに持ち運びできるように作ってもらったものだ。コールドスプリングハーバー研究所での最初のセミナーで、ワトソンかクリックが生命の秘密について講演するように依頼されていたのだ。一方クリックは、ライナス・ポーリングから、九月にカリフォルニアの会議に来て「会議中にできるだけ話をしてほしい」との依頼を受けていたが、実はワトソンとピーター・ポーリングが仕組んだいたずらだった。クリックは笑い飛ばしたけれども、オディールには不興を買った。ピーターは父親ライナスからの小遣いを五ポンド減らされるはめになる。二重らせんに対するポーリングの反応は、最初は用心深く、いささか防衛的でさえあった。三月にクリックに手紙を書き、「今、核酸について二つの構造が提案されていることは素晴らしく、私はどちらが正しいかに関して、結論を楽しみにしています」と伝えていた。しかし、四月にその模型を見るや、すぐに答えがどちらであるかを理解した。

「もしワトソンがテニスボールで殺されていたとしたら」と、クリックは二一年後に語った。「私一人ではDNAの構造はどうやっても解けなかったが、では誰が？」。これは今でも宙に浮いた問いである。当時クリックは、ポーリングが構造を解明すると思っていたが、ポーリングは、自分自身のモデルをタイミングよく再考しなかったのかもしれない。ウィルキンスはゴスリングに手伝ってもらい、その三月に、まさにモデルを構築しようとしていた。彼の場合、逆平行の鎖を見出すのにクリックの助けが必要であり、おそらく求めたであろうが、塩基対に関してはきっと自分自身で発見しただろう。ワトソンが急いだことで、大きく運命を翻弄された人物は、フランクリンでなく、ウィルキンスだった。サー・アーロン・クルーグが行った、ロザリンド・フランクリンの記録の徹底的な調査によれば、一九五三年の早い時期には、逆平行の鎖と塩基対の双方を明らかにする方向に向かっていたことにほとんど疑いの余地はなかった。だが、どちらの識見にも達することができなかった。その後、彼女は三月一四日、バークベックカレッジに向かった。ランドールは、DNAをキングスカレッジに置いていくように強く言った。彼女の意志ではなかったが、ゴスリングが博士論文を完成させるための指導を続けるのに必要だったからだ。フランクリンは二重らせんの塩基の角度が押し縮められたA型について、論文を書きあげた。にもかかわらず、三月一七日に書いた原稿には、まだこの二つの重要な点についての答えがなかった。それでもこの論文が最後の言葉だったのかもしれない。彼女にとっての悲劇は、前の年にそこまで到達していながら、最終的にゴールまではたどりつけなかったことである。ガンサー・ステントがいうように、クリックのテニスボールの問いに対する答えは、おそらく「何人かの人たちによって、徐々に解決されていった」になろう。

二重らせんの物語は、「だったかもしれない」に満たされている。参加者全員に、ぽかをしたり、好機を逃したりしたことを悔やむ理由があった。ランドールは、ウィルキンスとフランクリンの間に、致命的な混乱の原因を作った。そのせいで二人が、ワトソンとクリックのような共同研究をすることはありえなくなった。ウィルキンスはもっと早く模型を作製すべきだった。フランクリンはもっと結晶学的解析を学ぶべきだったし、自分の考えをほかの人たちとも共有すべきだった。ワトソンは記録を取るべきだった。ポーリングは基本的な化学を大事にすべきだった（あるいは国務省からまっとうに扱われるべきだった）。そして、クリックはフランクリンとそのときもっと熱心に友だちになるように努力すべきだった。彼らは後によい友だちになったのだが。さらに、このドラマでは脇役ですら、悔しい思いをする可能性があった。スヴェン・ファーバーグとブルース・フレイザーは、あまりにも早く模型の作製を諦めてしまった。アストベリー、バナール、そしてシャルガフは、構造がそうやって明らかになるとは単に想像もしなかったので、模型を作ることなど決してしようとしなかった。しかし全員が計りしれない貢献をし、ある意味、クリックとワトソンがアーチ門の頂上に最後のかなめ石を置き、門を完成させるという僥倖にめぐりあわせたのだ。あるいは、誰かがやっていたクロスワードに最後の糸口を与えることができたのだ。なんにせよ、クリックが書いていたように「たしかに、まごまごしながら歩いているうちに僕たちが金につまずいたのだが、僕らが金を探していたのもまた事実である」。

晩年、クリックは、重要だったのは二重らせんの発見であり、誰が見つけたかではないと主張した。

ワトソンとクリックがＤＮＡの構造を作ったというよりは、私はむしろ、その構造がワトソンとクリックを生みだしたと強調したい。事実、私はそのときまったく無名であり、ワトソンは仲間内からも賢すぎてまともではないとみなされていた。しかし、そうした話で見すごされていると私が思うのは、DNAの二重らせんがもつ本質的な美しさである。型を決めているのは、その科学者であると同時にその分子であるのだ。

クリックは、かつて、(ハワイの)新聞記者に対して次のように述べた。「考案されたジェット機のエンジンとちがって、DNAの構造はいつもそこにあった」。芸術家にとっては不可欠なことが欠けていても、科学の発見者にはなれるのだ。重力、アメリカ、そして自然淘汰——。もしニュートンやコロンブスやダーウィンが最初にそこにたどりつけなくても、ほかの誰かがなしとげただろう。しかしシェークスピアやレオナルドやベートーベンがやらなかったら、誰もハムレットは書けないし、モナリザは描けないし、第九交響曲は作曲できない。とはいえ、科学者は一番乗りしなければならない。最初だからこそ彼らの発見がより一層注目されるべきものになる。シェークスピアは、ハムレットの初稿を書くのに、マーロウを負かす必要はなかったのである。

第6章
暗号

クリックは、一九五三年三月一七日、学校に通う一二歳の息子に、「親愛なるマイケルへ」という書きだしで手紙を書いていた。「ジム・ワトソンとパパは、おそらく、最も重要な発見をしました」。彼は続ける。

パパたちは、DNAは暗号であると信じています。つまり、(あるページの印刷がほかのページとちがうように)塩基(文字)の順番がちがうので、ある遺伝子はほかの遺伝子とちがってきます。そして、自然がどのようにして遺伝子のコピーを作るかもわかったのです。もし二本の鎖がほどけて一本ずつ別々の鎖になり、それぞれの鎖がほかの鎖を呼び寄せて一緒になるとき、鎖に並んでいるAはいつもTと一緒になり、GはCと一緒になるのなら、もとは一つしかなかった鎖から二つのコピーができあがるでしょう。別の言い方をすれば、パパたちは生命が生命から生みだされる、基本的な複製の仕組みを見つけたのだと思います。……マイケル、パパたちがどれほど興奮しているかわかりますよね。

『ネイチャー』へ二報めの論文を投稿する前に、はじめて遺伝の仕組みを解説した文章だった。説明は細部にわたって正確である。二本の鎖がどのようにほどけるのか、また塩基対は自発的にできあがるのか、あるいは何かタンパク質の別の助けを必要とするのかという問題は、長い年月の間、科学者を惹きつけてきた。もちろん〔二重鎖の片方を鋳型としてもう片方を新たに作りあげる〕半保存的な複製の証明は五年間出てこなかったし、二重らせんの正確な構造が、疑う余地もなく厳密に証明されるのは一九七〇年代後半になってからだった。しかし、息子への手紙には、生物学の核心に存在し、一九五三年まではまったく思いもよらなかった真実が書かれていた。自動的に複製されるデジタル暗号の存在である。だが、すべての発見がそうであるように、DNAの構造の発見は答えを与えた以上に、より大きな疑問を提示する結果となった。暗号はどのように使われるのか。何に対する暗号なのか。その後の一三年間にわたり、クリックの人生はこれらの疑問に捧げられ、答え続けていくことによって大勝利がもたらされた。たしかに二重らせんがクリックを生みだした。そして次に、遺伝暗号がクリックを大科学者へと育てたのだ。彼はチームを作り、議論を始めた。そうしてどんどんと答えを言い当てていった。驚くような結果ばかりではなかったが、二重らせんよりも大きな科学的な成果がいくつもあった。

暗号の役割について、見解の不一致はほとんどなかった。DNAの塩基配列を、タンパク質のアミノ酸配列に翻訳するにちがいない。単なる推測にすぎなかったが、明らかであり正しかった。タンパク質は体内であらゆる仕事を担当し、ＤＮＡと同様、よく似た構成単位が枝分かれせず長い鎖となって続くことで形作られる。一九四一年にジョージ・ビードルの青カビを用いた有名な実験で、一つの遺伝的変異が特定のタンパク質にだけ影響を与えることが明らかになっていた。クリックは次のように書いた。「遺伝物質の主要な機能は、タンパク質の合成を（必ずしも直接的にではないが）制御することである。……このタンパク質の中心的で、独特の役割をいったん認めれば、遺伝子の機能はこれ以外には考えられないだろう」。その頃まで数年にわたって、生化学者たちは、非常に珍しいアミノ酸を含んでいるタンパク質の変異体を数多く、切手のように収集していた。一九五三年夏のある日、ワトソンとクリックはイーグルのテーブルで、これらの変異体を注意深く捨て去り、タンパク質に含まれる標準的なアミノ酸のリストを作った。アミノ酸の数は二〇になった。生化学は素人の彼らが書きだしたリストは厳密で正しかった。それ自体、小さな奇跡である。

ちょっとした皮肉でもあるが、マイケル・クリックが遺伝暗号についての説明を読んだ最初の人物になった。一九五〇年、マイケルが一〇歳のときに、父フランシスは『コードとサイファァ』という暗号の本を与えて、フランシス・クリックとゲオルク・クライゼルが解けなかった暗号を調べるように言った。マイケルはすぐに、将来の偉大な生物学者のみならず、その国の先導的な数理哲学者を打ち負かす暗号を作りだした。この暗号は「縮重」を含んでいた。言いかえれば、同じ文字を符号化するのに、いくつかの方法があるということである。後に、遺伝暗号もまた縮重していることが明らかになった（マイケル・クリックはコンピュータソフトウェアにおける先駆者になり、マイケルの息子のフランシスも、娘のキャンベリーも同じ道に進んだ)。

クリックは、すぐには遺伝暗号の仕事に取りかからず、まずはヘモグロビンで博士論文をまとめあげた。彼としてはDNAの論文を博士論文にできないかと考えをめぐらせていたが、自分の貢献とワトソンの貢献をどうやっても区別できなかった。しかし、自分の博士論文にDNA論文二報を付録として付け加えた。七月、ついに博士号を取得したが、それは生命の秘密の解明に対してではなく、次のようなかなり内容の薄い結論に対してだった。

ここに提出されたヘモグロビンに関する理論的、および実験的研究は、どちらかと言えば、将来的に研究を進めるための基盤を明らかにするものである。……それにもかかわらず、具体的な仮説も導きだした。球状タンパク質は主として、何本かのらせん（おそらくはα）が平行でない状態に一緒に詰めこまれることで構成されている。

つまり、タンパク質の構造は複雑で不規則的だった。

そして八月二二日、オディール、マイケル、ガブリエルと一緒に、サウサンプトンでSSモーリタニア号に乗船する。一年間の奨学金給与を受け、ブルックリン工科大学でさらにタンパク質の研究を続けるために、ニューヨークへ向かって航海に出たのだ。だがニューヨークはとても憂鬱で孤独な場所となってしまった。リボヌクレアーゼのX線の仕事は平凡でやりがいがない。優秀な結晶学者で、クリックが同型置換法の理論を発展させるのを助けてくれたビー・マグドフと、（ロザリンド・フランクリンの古い友人である）ヴィットリオ・ルザッチのほかには、ブルックリン工科大学に、クリックと似た考えの人はほとんどいなかった。研究室長のデイヴ・ハーカー、そしてハーカーのロシア人の妻で、帝政ロシア時代に検察官をしていた父をもつキャサリンとは馬があったが、科学の話をできる人たちではなかった。オディールはもっとがっかりしていた。アメリカと言えばハリウッドと思って育ってきた。なのに、ブルックリンのフォートハミルトンパークウェイ九五二四番地のアパート六一〇号室での生活は、「とてもひどい」。ニューヨーク郊外の自治区の集合住宅にある、ひだ飾りのついたランプシェードは好みではなかった。彼女はまた、妊娠していた。マイケルだけは、ブルックリン高校での一年間を楽しんだ。

最悪だったのは、クリックにはお金がなかったことである。月給四五〇ドルのうち四分の一以上が家賃に充てられ、ほかにかかる費用もまた高かった。これが、ワトソンとの関係にかなり深刻な決裂を引き起こすことになる。結果的に、一二年後にワトソンが書いた『二重らせん』（邦訳講談社）に、クリックが激しく反対したこととつながっているだろう。ワトソンはそのとき、スモッグの多いパサデナのカリフォルニア工科大学にいた。そこにはポーリング、デルブリュック、そしてリチャード・ファインマンがいたにもかかわらず、彼もまた、生活に不満を感じていた。クリックとワトソンは、二人ともお互いに話ができないことを寂しがった。また、クリックはＢＢＣラジオ第三（教養人向けのラジオ放送）に連続出演をする話をもちかけられた。重要なニュースを選んで放送する番組だが、ワトソンは出演に反対だった。DNAを解明した自慢話に聞こえるだろうからと考えたのだ。さらにブラッグが、ワトソンの了解もないままに出演するべきではないと、クリックに伝えてしまった。ブルックリンのクリックは、ワトソンに手紙を書いた。「まだラジオ第三に出ない方がいいと思っていますか。ほかに反対する人はいないし、事態も少し沈静化してきました。五〇ドルから一〇〇ドルぐらいもらえるし、その収入は今の自分には悪くない額です」。

パサデナのワトソンからきつい返事が届いた。

BBCの件ですが、いまもラジオ第三に出るのは品がないと思っています。まだ私たちがデータを横取りしたと思っている人もいます。……それなのに金銭的な理由（一〇〇ドル）で出演するのだとしたら不幸なことです。しかも結局のところ、自分を売りこんで苦しむのはあなた自身です。一番の心配は、残念ながら私がケンブリッジにおらず、あなたがラジオに出ることに引きずりこまれやしないかということです。もしお金のために必要なら出てください。言うまでもなく、あなたの判断を評価できないし、将来、共同研究を避けるよい言いわけにもなります。

クリックは数週間後に返事を書いた。

今回、クリック家で君の信用はすっかりなくなったけれど、君が強く反対するのでBBCラジオ第三には出演しないことにしました。だけど『ディスカバリー』には原稿を書きました。編集者の言うことの方が、君よりも正論だと思えたからです（ざっくり言えば、もし私が書かなければ別の誰かが書くかもしれないし、そうするとずっと悪い出来になるだろうということです）。［ジョージ・］ガモフが、『サイエンティフィックアメリカン』も歓迎するだろうと教えてくれました。どうでしょうか。二人（＋α）の子どもがいる既婚男性として、私は君のようにお金に無頓着ではいられないことを理解してくれてもいいと思います。何より、私たち家族はまったくお金がないので、ここでとてもつつましく暮らしているのです。

傷口に塩を塗るかのように、ワトソンはその夏、『ヴォーグ』でポーズをとり、才能ある若手アメリカ人のコーナーに写真つきで登場した。クリックは意趣返しかのように『サイエンティフィックアメリカン』に記事を書き、一九五五年一一月と一二月にはとうとうBBCラジオに二回出演した。これ以降ワトソンも反対できなくなった。当時のBBCらしく少し気どった調子の博識な講義――二重らせんは分割された踏み段のらせん階段であるというように――だったが、わかっている事実を踏み超えることに対しては、非常に用心深かった。

BBCラジオ出演で揉めても、ワトソンとクリックの間の、熱狂的ですらある手紙のやりとりは冷めなかった。手紙には噂話や科学的な議論が凝縮されていた。しかし、この文通も次第に旅程連絡や薄っぺらな葉書になっていき、何年か続いて途絶えた（クリックからワトソンへ一九五七年に送られた忘れられない葉書には、ただ次のように書かれていた。「君は死んだのですか。それとも恋に落ちたのですか。フランシス」)。文通が始まった頃には激しいつばぜりあいもあったが、同時に、連座的ともいえる深い関係もあった。彼らは、わけがわからない馬鹿者ばかりの世界で孤独を感じていた。DNA構造に対する生化学者の反応は、「冷淡なものから黙した敵意を示すものまで」さまざまあったが、クリックは後に、「遺伝学者はほとんどまったく注目しなかった」と書いている。生命の秘密を世界に発表したのに、反応がないのは不可解だった。

一九五四年二月、オディールはブルックリンを離れ、キングズリンにいる母親の家で出産するために、ガブリエルとともに帰路に着いた。一九五四年三月一二日、娘のジャクリーンが生まれた。赤ん坊にアデニンという名前をつけようというクリックの(カリフォルニアのワトソンから入れ知恵された)提案に、オディールは抵抗を貫いた。その間、フランシスとマイケルはブルックリンハイツのアパートに引っ越した。「安くはなかったが、自分の士気を高めるためにはいい場所だった」。クリックは七月まで滞在し、ロックフェラー研究所でDNAの連続講演を行い、また、遺伝学についてのクリックの推測はすべて間違っていると断言していたシャルガフのもとを訪れた。八月の一か月間は、ワトソンと物理学者のジョージ・ガモフに会い、暗号の問題に真っ先に取りかかるためにウッズホールに移動した。

ジョージ・ガモフはロシアから亡命してきた酒飲みの物理学者で、ビッグバン新理論で有名だった。また、新刊の『生命の国のトムキンス』(邦訳白揚社)をはじめとした陽気な大衆向け科学書でも、その名を馳せていた。DNAについての二番めの論文を読み、すぐに二人の発見の重要性を認識し、一九五三年七月には、ワトソンとクリックに出しぬけに手紙を書いた。「それぞれの生命体は、数字の一、二、三、四が四つの塩基を表す四重系で書かれた長い数字によって特徴づけられるだろう」。ガモフはその頃、暗号議論の中心におり、西海岸の著名物理学者たちを自分の探求に引きこんでいた。そして、バークレーのメルヴィン・カルヴィンとエドウィン・マクミランとともに最初の暗号を、引き続いてパサデナでリチャード・ファインマンと別の暗号を考案した。どれもまねのできないガモフ流のやり方で、「ディック・ファインマンが答えは存在しないことを示すのに成功した」ときまで続いた（後にガモフの綴りは、母国語のロシア語同様、予想がつかないことが明らかになった）。ガモフはそれから、水爆の父として知られるエドワード・テラーと第三の試みもしている。生化学者と生物学者は二重らせんを無視したかもしれないが、物理学者はちがうとガモフが体現したのだ。

ワトソンは、ガモフに内緒で、ガモフの別荘にみんなを招き、ガモフの名前で、「ウイスキー・トゥウイスキー・RNAパーティー」という手のこんだ、気のきいた悪ふざけまでやってのけた。ただガモフは暗号に熱中しても、八月のウッズホールではなんのアイディアも出せなかった。一方クリックは、事実一つでガモフの暗号を見事にぶち壊した（このときクリックは、一つのデータで優れた理論を無に帰せようとしていた）。ケンブリッジ大学生化学科のフレッド・サンガーによって、インシュリンというタンパク質のアミノ酸配列が徐々に明らかにされていた。ただ一つのきわめて優れた成果だけで、この控えめな男は一回めのノーベル賞を手にした。クリックはサンガーと友だちで、アミノ酸配列の大部分を見ていた。そこにはすでに、どんなアミノ酸でも、自分の隣に任意のアミノ酸を配置できることが示されていた。ガモフのアイディアは、どれも二重らせんの溝にある「穴」の形が基礎になっており、二塩基が重複した三塩基を提唱している。そのため、場所によっては次に来るものにある種の制限がかかった。ガモフの配列だと、それぞれ異なる七つの隣接箇所に八種のアミノ酸しか配置できない。だが、インシュリンだけでも一〇のアミノ酸が八つ以上の隣接箇所に存在していた。

ウッズホールで、ワトソンはクリックとガモフに対し、別種の核酸であるRNAに意識を切りかえなければならないと説得した。RNAはそれぞれの糖に余分な酸素原子が一個ついている。もし、DNAが直接タンパク質を指定できないのであれば、おそらく、DNAはRNAを中間体として使っている。DNAとちがって、RNAは細胞核の中にだけ集中的にあるわけではなく、細胞のどこにでもあり、目がまわるほどさまざまなサイズのものがあった。ワトソンは、一九五二年、デルブリュックへの手紙の中で、RNAの役割はDNAとタンパク質を仲介することであると予言していた。そして一九五三年にはRNAの構造の研究を始めたが、まだうまくいっていなかった。春のある日、カリフォルニアの高速道路を運転中、ワトソンと化学者のレスリー・オーゲルはRNAに興味をもつ人たちの集まりを思いつき、それをガモフが引き継いだ。「RNAタイクラブ」と命名されたその集まりでは、二〇人のメンバーそれぞれが、波打ってねじれたRNA柄のネクタイと、二〇個のアミノ酸の省略形をモチーフにしたネクタイピンを身につける。クラブのモットーは、「やれ、そうでなければ死ね、もしくはトライするな（Do or die or don't try）」であり、統括（ガモフ）、楽観者（ワトソン）、悲観者（クリック）を含む何人かの役員がいた。

一九五四年九月八日、クリックはニューヨークから航海に出た。そしてオディールと再会し、ジャクリーンとはじめて顔をあわせ、ポルトガルプレイスでの家族生活を再開する。キングズリンでフランス人の祖母と一緒に暮らし、小さなガブリエルはフランス語を流暢に話すようになっていた。クリックと医学研究審議会の契約は七年間だけだったが、ケンブリッジ大学に再び雇ってもらえた。ブラッグは英国王立研究所の所長として去り、ペルーツが、タンパク質構造についてのクリックの専門的知識を買って、復帰が実現したのだった。クリックは、友人の動物学者マードック・ミッチソンがちょうど赴任したばかりだったエジンバラ大学の終身職に、一時惹かれていた。しかし、ケンブリッジは仕事がなんであれ、彼のいたい場所だった。ペルーツの学生だったデイヴィッド・ブロウは、明るく活動的なクリックが、突然やってきたことを覚えている。「一見してただの厄介者だった。彼の仕事のやり方は、いつも大声で話すことだったから」。だが、ブロウが何週間も手を焼いていた問題を相談すると、クリックはすぐに理解し、驚くほどの速さで解決した。ヘモグロビンの同型置換実験の電子密度図において、誤差をいかにして最小にするかという問題だった。やがてまとめた二人の共著論文は、タンパク質結晶学を変容させるものになる。

同時にブロウはまた、タンパク質ではクリックの関心を留めきれないことにも気づいた。クリックがそのとき主に話をしていたのは、遺伝子であり、とくに暗号の問題だった。アメリカを離れる少し前、クリックはニューハンプシャーでのゴードン会議に出席し、ＤＮＡについての講演を行った。南へ走る車中で、あることを思いついた。その後ケンブリッジに戻り、一九五五年のはじめ、RNAタイクラブ用のかなり悲観的な論文に、そのアイディアを記した。アイディアは一見ありふれている。しかし予言的であることが証明された。論文のタイトルは「縮重した鋳型とアダプター仮説について」。いくつかの考えを「関心のもたれない印刷物で、静かで精密な検査」にさらしたいと述べて、この論文を書きはじめた。最初の仕事は、インシュリンとそのときに利用できたほかのタンパク質配列を参考にして、ガモフの暗号をすべて始末することだった。「私はようやく、無駄骨を折るためではなく、暗号を試す最も単純な方法を説明するために乗りだした。少し考えただけで、ある仮説がこんなにも早く却下されるのは驚くべきことである。コンピュータを数日使うよりは、自分の頭を数分使う方がずっとましだ！」。

実際、DNAから直接取りだされたいかなる暗号も説明不可能に思われた。二重らせんのどの部分も、いくつかのアミノ酸の疎水性側鎖を受け入れられない。そのかわりに、連続する塩基の組みあわせが、アミノ酸をどの場所に置くのかを決めなければならなかった。そこでクリックは、次のような考えを展開した。二〇個の異なる「アダプター」分子が存在して、それぞれがアミノ酸に対応するだろう。これらアダプターの仕事は、暗号のある部分を認識し、生成するタンパク質分子の配列に適切なアミノ酸を付け加えることだ。彼はまだ、そのアダプターがRNAであることはもちろん、小さな核酸分子でなければならないとまではっきり言及しなかったが、おそらく塩基間の水素結合が中心的な役割を担っているだろうと強調した。

アダプター仮説に導かれ、クリックは「純粋な構造的なアプローチ」を捨て去ろうとしていた。言いかえれば、ＤＮＡなら異常なほどに機能が形と適合しているにもかかわらず、次のパズルのピースは美しい形でなく、任意の暗号だったのだ。ＤＮＡは情報機械であり、その中にメカニズムはなかった。それでクリックは、その後の数年間ＲＮＡの構造に対して無関心だった。このクリックの態度は、ワトソンにはとうてい受け入れがたい。彼はアダプター嫌いであり、「諦めて粘性や野鳥観察《バードウォッチング》に戻る前に、われわれはＲＮＡの構造を見つけなければならない」と書いた。

クリックの論文は、クラブの悲観者担当としての公式な立場を保ちながら、暗い調子で締められていた。

とにかく、暗号の問題にはかなりがっかりだ。アダプター仮説によって、理論上大量に却下することが難しい、目まぐるしいほど多様な暗号を構築することができる。その一方で、実際の配列データからは規則性や関連性についてのヒントはほとんどえられず、ほぼすべての配列が許されるかもしれないのだ。ケンブリッジのかなり孤独な状況で、私は暗号を解読する気をなくすときが何度もあると白状しなければならない。

「孤独」とは「話し相手のいないこと」と読める。ワトソンはまだアメリカにおり、ペルーツとケンドリューはヘモグロビンとミオグロビンの構造を推測する同型置換の突破口までついにたどりつき、心を奪われていた。だがクリックには、暗号の話をする相手が必要だった。一九五四年遅く、やっとその相手を見つけた。シドニー・ブレナーだった。クリックとブレナーは一九五三年四月に、はじめて会っている。ブレナーは二重らせん模型を見るため、ケンブリッジへ特別にやってきたオックスフォード大学一行の四人のうちの一人だった。そのときのブレナーは（たいていの人たちと同様）クリックのおしゃべりに圧倒され、ワトソンの方に引き寄せられた。それから一九五四年に、ブレナーがたまたまウッズホールを通り過ぎたときにも再会している。一二月にブレナーは生まれ故郷の南アフリカに戻る予定だったが、クリックと暗号について話をするためにケンブリッジに立ち寄った。ちょうどクリックがアダプター仮説論文を書く直前だった。そのときまさに「アダプター」という言葉をブレナーが提案した。暗号は縮重しているかもしれない、つまり、それぞれのアミノ酸を指定する方法は二種類以上あるかもしれないという結論に導くよう、そっとクリックの背中を押したのがブレナーだったのだ。

シドニー・ブレナーの父モリスもハリー・クリックのように靴屋だったが、かなりつつましかった。読み書きできないユダヤ人の靴修繕屋であり、リトアニアから南アフリカへ移住していた。貧しい中で育ち、シドニーは、母がテーブルクロスがわりに使っていた新聞から読むことを学んだ。慈善学校に入った後、一四歳でウィットウォーターズランド大学に進み、二〇歳で博士号を取得した。そして、資格をとれる歳になるのを待ちながら、生化学分野に方向転換し、オックスフォード大学の奨学金を獲得した。短気かつ断固とした態度で、喧嘩早かったが、冗談や逸話にあふれたブレナーは、クリッ

書物復権

〈書物復権〉は専門書を多く刊行する10の出版社による共同復刊事業です。様々な理由で品切となっていた書籍のうち、毎年、読者リクエストの多いものを中心に復刊し、19年目をむかえました。今年、勁草書房からは以下の書籍4点を復刊し、皆様にお届けいたします。

存在と時間 [新装版]（上・下）

M. ハイデガー［著］
松尾啓吉［訳］

ハイデガーの存在思惟で、我々が学ばざるをえないのは、本書における現存在の本来的かつ非本来的両性格の分析・哲学の過程である。

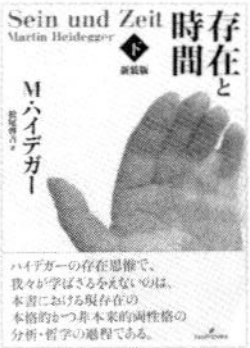

【下巻】A5判上製560頁
本体7000円
ISBN978-4-326-10245-7

【上巻】A5判上製488頁
本体6500円
ISBN978-4-326-10244-0

リーディングス　数学の哲学

A5 判上製 356 頁　本体 4500 円
ISBN978-4-326-50410-7

B5 判並製 100 頁　本体 2000 円
ISBN978-4-326-54913-9

つながりづくりの隘路
地域社会は再生するのか

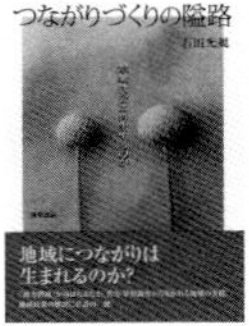

石田光規

地域につながりは生まれるのか？　「地方消滅」が叫ばれるなか、質的・量的調査から導かれる地域の実情。地域政策の検討に必読の書。

A5 判上製 240 頁　本体 3800 円
ISBN978-4-326-60279-7

核の誘惑
戦前日本の科学文化と「原子力ユートピア」の出現

中尾麻伊香

日本人は、核をどのように受け入れ、どんな未来を夢見て、そしてその受容と期待はどのように戦後に引き継がれたか。源流から辿り直す。

A5 判上製 416 頁　本体 3800 円
ISBN978-4-326-60280-3

7月の重版

脳神経科学リテラシー
信原幸弘・原　塑・
山本愛実 編著

脳の時代を生きるために必要とされる知恵とは何か？　氾濫する新しい知見のなかから事実を見きわめ、生活や社会に活かしていくために。

A5 判並製 336 頁　本体 3000 円
ISBN978-4-326-10201-3　1 版 4 刷

アブダクション
仮説と発見の論理
米盛裕二

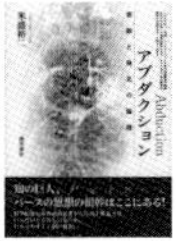

知の巨人、パースの思想の根幹はここにある！　科学的発見や創造的思考を生み出す推論とはどんなものなのか、わかりやすく解説。

四六判上製 276 頁　本体 2800 円
ISBN978-4-326-15393-0　1 版 8 刷

ディープ・アクティブラーニング
大学授業を深化させるために
松下佳代・
京都大学高等教育研究開発推進センター 編著

学生が他者と関わりながら対象世界を深く学ぶには？　知識や経験と結びつけながら、今後の人生につなげていける学習の生成を目指す。

A5 判並製 288 頁　本体 3000 円
ISBN978-4-326-25101-8　1 版 5 刷

入門・国際政治経済の分析
ゲーム理論で解くグローバル世界
石黒　馨

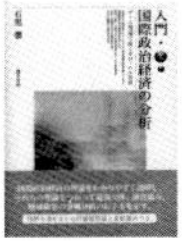

国際政治経済の理論をわかりやすく説明し、事例分析のお手本を示す。理解を深めるための練習問題と文献案内つき。

A5 判並製 240 頁　本体 2800 円
ISBN978-4-326-30167-6　1 版 7 刷

クの無慈悲な議論にも対応できる知性と個性の両方をもちあわせていた。戦争中、ウィットウォータースランド大学の役人訓練軍でも、アーロン・クルーグほか全員が兵卒だったが、ブレナーだけは伍長だった。

ブレナーは暗号を非常によく理解していた。細菌遺伝学者の訓練を受けつつ、ハンガリー系アメリカ人数学者ジョン・フォン・ノイマンの自己複製機械、すなわちセルラーオートマトンも読んでいた。フォン・ノイマンは、自己複製する機械は機械を作るための情報を個々に保存しなければならず、さらにその情報を解釈する仕組みが必要だろうと議論した。つまり、テープとテープ読みとり機である。抽象的にだが、遺伝子とリボソームとメッセンジャーをその例として考えていたのだ。ほかの生物学者は、もちろんブレナーですら、自分自身の考えを精密化するためであってもフォン・ノイマンの議論を使うことはなかった。しかし、少なくともブレナーは情報の観点から考え、解読装置を保存装置とは別のものととらえていた。これがおそらく彼がクリックに与えたはじめての、また、非常に重大な影響だった。そして、それこそ、ＤＮＡが直接的にタンパク質を生成するという考えからクリックを引き離す一因として機能したのかもしれなかった。クライゼルと定期的に話をしていたクリックが、なぜフォン・ノイマンを読まなかったのか。その問いはもっともだ。クライゼルは、フォン・ノイマンの論文をクリックに教えたと後に思いだしている。だが、クリックは数学的な抽象論として切り捨ててしまっていた。

フォン・ノイマン自身は、しばらくの間、ガモフの次の案である「組みあわせ暗号」に惹かれた。

ガモフは、もしそれぞれの三連塩基の文字の順番を考慮しなければ、アミノ酸の数（二〇）とDNAの三連塩基の数（二〇）が同じになることに興奮していた。さらにそのような三連塩基のうち、あるものには多様性（たとえばAGT、ATG、GAT、GTA、TAG、TGA）があったけれども、いくつかはたった一種類（たとえばAAA）しか存在しないことに気がついた。おそらく、アミノ酸の種類によっては（フォン・ノイマンの分析によれば）でたらめでなく、少なかったり、あるいは頻繁に現れたりしている理由の説明になっているのであろう。クリックはこれまでで一番絶対確実な直感で、すぐにこの考えを葬り去った。「悪臭がする」とワトソンに書いている。文字の順番に無関係な仕組みを考えるのは難しかった。さらに、「組みあわせ暗号を支持する証拠は非常に弱く、まともに評価はできない」と、クリックは南アフリカに戻っていたブレナーに書き、次のように付け加えた。「自分の考えでは、暗号その他はしばらく棚に戻すべきだ」。

一九五五年一〇月、クリックの母親が七六歳で亡くなった。深い悲しみに打ちひしがれ、部屋に三日間籠ったが、その後はまったく落ち着いた様子で現れた。ニュージーランドに住んでいた弟のトニーは別にして、そのとき彼に近しい存命の親戚は、叔父たちと叔母たちだった。カリフォルニアのワルター・クリック、ケントのアーサー（一年後に亡くなるのだが）、ノーサンプトンのウィニフレッド・ディッケンズ、そしてケンブリッジのマディングレイ通り外れの大邸宅に最近引っ越していたエセル・ウィルキンス。マイケルも大叔母のエセルと一緒に引っ越してきた。母からわずかな遺産を受けとり、クリックは隣のポルトガルプレイス二〇番地に家を買い、壁をぶちぬき、引き戸を取りつけた。アメリカ人の生化学者アレックス・リッチは、ワトソンとRNAの構造について、ガモフと暗号について、共同研究をしていた。カルテックから妻のジェーンをともない、ケンブリッジに長居して、クリックと一緒にコラーゲンの構造を解明しようと決めたところだった。それでリッチ家も二〇番地に引っ越してきた。クリックは、何度か「オペアガール」を雇った。オペアは、食事と部屋を保証してもらうかわりに朝食の準備をし、午後語学学校に行く前に食器を洗うお手伝いだ。一九五五年の一時期、ピーターの妹リンダ・ポーリングもオペアとして二〇番地の地階に住んでいた。

　五月に、クリックがパスツール研究所の科学者チームを訪問する予定があったので、夫婦でパリへ向かった。そこではじめて、ジャック・モノーとフランソワ・ジャコブに会った。この二人の共同研究は、分子生物学界において、クリックとワトソンの共同研究といいライバル関係に位置づけられる。そして二人の知的挑戦をクリックはおもしろいと思うようになった。ジャコブは言った。「われわれはクリックが何者であるか実際よく知らなかった。だからクリックに会うまでワトソンの付録にすぎなかった。しかし、クリックがワトソンの付録でないことがいまやよくわかった」。モンパルナス大通りのコスモスというカフェで昼食をとりながら、遺伝学者のボリス・エフルッシは、DNAの塩基配列がアミノ酸配列を指定しているという確固たる証拠はいまだにないと指摘した。クリックもその点は認めなければならなかった。だが、ケンブリッジに戻ると、ヴァーノン・イングラムが、鎌形赤血球貧血の遺伝的な変異とヘモグロビン配列上にあるアミノ酸の変換をつなぐ証拠を、ちょうど提出しようとしていたところだった。

暗号について棚あげした状態で、クリックはそれほど興味があるわけではない科学的な探求をして一九五五年を過ごした。それらはリゾチーム、コラーゲン、ウイルスだった。ヴァーノン・イングラムとのリゾチームの研究は、ほとんど進展がなかった。コラーゲンについては困難に出くわした。キングスカレッジのランドールのチームが系統的にコラーゲン研究をしていた。当初クリックも推測的な（しかも間違った）論文をブルックリンで書いたのだが、ウィルキンスとランドールから怒り狂った激しい非難を受けた。その頃インドではマドラスのG・N・ラマチャンドランが、かなり洗練されたコラーゲンの三重らせん構造の論文を出版していた。クリックとアレックス・リッチはその論文を改良できると思い、人工的なポリペプチドであるポリグリシンIIという三本鎖のモデルをうまく作りあげた。彼らが正しいと証明されるまでには、その後何年もかかっている。

ウイルスは暗号に関するかぎり単なる目くらましとしてしか機能せず、この仕事がクリックとワトソン最後の直接の共同研究となった。一九五五年六月終わりに、ワトソンは、ハーバードに行く前の一年間の休暇で、ケンブリッジを訪れた。数日後、クリックが職場に向かって歩いていると、キャヴェンディッシュ研究所のブラッグの後継所長であるネヴィル・モットにばったり出会った。「所長にワトソンを紹介しなければなりません。彼はこの研究所で働いていますから」とクリックは言った。「ワトソン？」とモットは答えた。「君の名前がワトソン・クリックだと思っていたよ」。ワトソンの計画は、いまだにRNAの構造を発見することであり、クリックと一緒にもう数か月仕事をすることで、一九五三年の歓喜を再現したかったようだ。彼にとってはじめての経験であった、あの素晴らしくも、ありのままの歓喜を。しかし彼はまた、一九五二年に始め、いくつか軌道に乗ってきていた植物ウイルスの構造の研究もしたがっていた。ウイルスと細胞内の小さな丸い物体であるミクロソームが、同じような大きさと構造であることに興味をもった。ミクロソームはタンパク質とＲＮＡを含んでいるようなので、おそらく解読装置と何か関係しているだろうし、ウイルスが光明を投ずるだろう。

到着する前にワトソンはクリックに手紙を書き、ウイルス学者のロイ・マークハムから、ＰＶＸと呼ばれるいくつかのジャガイモウイルスをもらっておくように頼んだ。クリックは「ロザリンド［・フランクリン］も［マークハムに］いくつか頼んでいた。だから厄介なんだよ。私は今のところロザリンドととてもいい関係だし、彼女は結果が出たら、すぐに私に知らせてくれているし」と返事を書いた。フランクリンの研究を再びつまみとらないように、別のウイルスを選んで仕事をすることにした。フランクリンは、アーロン・クルーグやほかの人たちの助けを受け、ウイルスの構造解析を引っ張っていて、バークベックカレッジから何報もの論文を出していた。ワトソンとクリックのウイルス学への最終的な貢献は単純なものだった。だが、中心的でもあった。一報の論文で（正確に言えば流行遅れだったが）すべての小さなウイルスが棒状か、あるいは球状である理由は、ウイルスが同じタンパク質サブユニットで作りあげられているからであり、それらは単に中のウイルス遺伝子を支え、保護するための機能を果たしているにすぎないと結論づけた。議論の一部は、ウイルス中のＲＮＡでは少なすぎて、二つ以上のタンパク質サブユニットを暗号化することはできないというものだった。しかし、一九五六年三月、ロンドンのある小さな会議でこの話を発表しても、ウイルス学者にはほとんど通じなかった。ウイルスの感染能力が純粋にRNAに由来すると認めることは拒否されたのだ（植物ウイルスはDNA遺伝子ではなくRNA遺伝子をもっていた）。ウイルス学者は、核酸の構造が遺伝を説明するというワトソンとクリックの議論はもちろんのこと、遺伝子は核酸から構成されているというアヴェリーの証明にすら、追いつくことができずにいた。

一九五六年四月はじめ、ワトソンがイスラエルとエジプトに行っている間、クリックはスペインを旅し、マドリッドでの大きな会議で再びウイルスについて発表をした。ウィルキンスとフランクリンも参加者の中にいた。会議の後、クリック夫妻は旅行者として南へ向かい、トレド、サヴィレ、そしてコルドバを列車とバスで回り、フランスを経由して戻ってきた。八年前の新婚旅行以来、はじめてのまともな休暇だった。会議ではロザリンド・フランクリンと一緒にいた。夫妻にとって、すでに彼女は確固とした友人だった。この頃、彼女は定期的にクリックにアドバイスを求めて質問し、マドリッドではオディールとも仲よくなった。おしゃれな服や軽く調理した野菜、フランス好みが二人に共通していた。だがそれだけではない。その年の遅く、フランクリンが卵巣腫瘍を摘出するために二度の手術を受けた後、ケンブリッジのクリック夫妻宅で療養した。「ロザリンドは二回の不可解な手術を受けたが、容態はよくなってきている」と、典型的なイギリス風の嫌悪感を示しながら、一九五六年一一月に、クリックはワトソンに宛て病状を詳細に説明した手紙を書いた。翌年、彼女の親友であるウイルス学者ドン・カスパーがケンブリッジにいた頃、再びクリック夫妻宅に滞在した。しかし癌が再発し、一九五八年四月、三七歳で亡くなった。

ロザリンド・フランクリンの死は、当時、ほとんど知られていなかった。しかし、それからずっと後になって、二重らせん発見に果たした役割、そしてさらには、その役割を認められず否定されていたことで有名になった。多くの人が男女差別を感じとっていたが、フランクリンの友人、とくにクルーグとクリックは、男女同権主義の殉教者としての役割に、天国の彼女はとても驚くだろうと論じた。性別に関係なく、科学者にはライバルからの偏見があるものだが、彼女の場合、この上なく偏見を被っていたであろうし、その中には嫉妬深く、身勝手な者もいたであろう。こうしたライバルには、ウィルキンスやランドールだけではなく、後にイギリスの一流ウイルス学者になった人たちも含まれていた。ただし彼らの態度は、必ずしも彼女が女性だったがために生みだされたわけではなかった。一般論として、当時、女性科学者は歓迎されていたし、キングスカレッジには年配の女性もほかの研究所よりたくさんいた。フランクリンと同時期にキングスカレッジにいた同じ研究グループの女性八人のうち五人が、自分たちは性別による偏見をほとんど一切経験しなかったと、後にホレス・ジャドソンに語っている。またフランクリンは周囲とうまくいっていなかったと自ら意見を述べた者も何人かいた。茶番劇の悪役「ロージー」がワトソンの本『二重らせん』に登場し、そこでものわかりの悪い邪魔者として、ウィルキンスの目を通して主に描かれている。この描写は多くの人たちを激怒させた。とくに、ワトソンとクリックはうまくフランクリンのデータを盗んだと感じている人たちや、少なくとも二人が彼女に感じるべき恩義をうまく覆い隠したと思っている人たちの場合はなおさらだった。皮肉にも、ワトソンこそ、彼女の復権の火をつけた立役者だったのだ。

ワトソンにはいつも論争の鉾先が向けられた。クリックはおしなべて蚊帳の外にいた。しかし、一九七九年、一時的に引きこまれ『ザ・サイエンス』という雑誌の記事ではこう言及した。

ロザリンドが困難に直面し失敗したのは、主として彼女が自分で作りだした結果である。彼女は率直ではあったが、敏感すぎたのだ。皮肉なことだが、意志が強すぎて科学的にまともでありえず、その結果、近道を回避することになってしまった。必要以上に頑固で全部自分一人でやりとげようとしたし、強情さがゆえに自分の考えに沿わない他人のアドバイスはうまく受け入れられなかった。助け舟を差しだされても、決して乗ろうとはしなかったのだ。

この記事の後、クリックは怒りの手紙を何通か受けとった。そのうちの一通、腫瘍学者シャーロット・フレンドからの手紙に対して、クリックは次のように続けた。

彼女はよい実験科学者だと思いますが、一線級では決してありません。……彼女の結晶学の理論は平均的なレベルです。……それなのに、彼女の仕事も人格も十分に理解していない女性たちによってあまりに過大評価されている点には反対したいと思います。ロザリンドなら、自分を殉教者にするようなこうした誤った動きに対し、真っ先に反対していたでしょう。第一線の科学者はリスクを引き受けるものです。私には、ロザリンドは用心深すぎたように思えます。

フランクリンと最も親しかった同僚のアーロン・クルーグは、この手紙の写しを読んで、少し厳しすぎると思った。

あなたの基準に従うと、われわれの同僚の大半は不適格とされてしまうだろうと思います。彼女は、自分がポーリングではないということ（あるいは、結局のところクリックではないということ）をよくわかっていました。彼女と、選ばれし少数の者とを区別しているのは、彼女にはそれほどイマジネーションがなかったということです。しかし、どれくらいの科学者にイマジネーションがあるのでしょうか？

加えて、クルーグは今日、次のように語っている。「一九五三年に『まともでなかった』と、たいていの人が考える人物は誰だったのか。慎重なフランクリンではなく、けばけばしいクリックだった」。

第7章
ブレナー

一九五六年、スペインから戻ってきてすぐに、クリックは南アフリカのシドニー・ブレナーに手紙を書き、遺伝暗号について新たに考えたことを伝えた。「暗号に関して：レスリー〔・オーゲル〕、ジョン・グリフィス、そして私は、三塩基が一アミノ酸を指定する暗号を使って、〔アミノ酸の〕魔法数の『二〇』について推論した」。これが有名な「コンマなし暗号」で、この洗練された見事な推論は完璧にみえた。しかし間違っていた。おそらく、科学的に最も美しい誤りだったはずだ。そうでなければ、クリックが自分のゲームで神を打ち負かした瞬間だったのかもしれない。だが、決して自分の推論を盲信はしなかった。あくまでも推論にすぎないと、彼にはもちろんわかっていたのだ。

遺伝暗号における「句読点」の意味については、レスリー・オーゲルと話をした二月にすべてが始まった。オーゲルは、ブレナーと同様、一九五三年にオックスフォードから二重らせんを見に満員の車でやってきた。そして、オックスフォード大学の無機化学の講師という職を辞し、ポーリングの研究室に行き、ワトソンとRNAの研究を始め、ガモフの暗号のたくらみへ引きこまれた。ブレナーがいない間、オーゲルがクリックの相手だった。オーゲルが話す。クリックが聞く。そして考える。クリックが話す、オーゲルが聞く。これが繰りかえされた。

その頃は、DNAは三文字が連なってできた暗号を運んでいると仮定していた。三連文字の暗号なら三つの塩基がそれぞれのアミノ酸を指定できるが、一文字や二文字の暗号ではたった四種類か一六種類のアミノ酸しか指定できないだろうという単純な理由からだった。そしてまた、三連文字暗号の一部が別の三連文字暗号の一部と重複していれば、ガモフを興奮させた暗号と同じように、全部捨て去っていいと考えた。もし暗号が重複していると、近くのアミノ酸の中に禁じられた組みあわせが出てきてしまう。しかし、すでに配列がわかっていたタンパク質の中に、そんな制約はないように見えた。暗号が重複していないなら、アミノ酸を運ぶそれぞれのアダプターは、どこで三連文字が始まり終わるのかを、どうやって「知る」のかという問題が出てくる。クリックは、DNAに沿って動いて、始まりと終わりを解読する仕組みまではまだ想定していなかった。むしろ、アダプターが運んでくるアミノ酸が、正しい配列場所に自ら集まってくるものと考えていた。当然、一文字飛ばされて枠がずれるようではまずい。そこで、端から三文字ずつ数えていくのは馬鹿げているとして除外した。クリックは、二つ以上の「言葉」にわたる読み間違いがあると、自動的に意味がなくなる方法を探していた。このことをオーゲルに伝えると、オーゲルはすぐに「意味のある言葉」は二〇個しかないことに気づく。「二〇」はアミノ酸の魔法数だった。

理由は単純だ。六四個の三連文字から始めよう。最初に、四つの三連文字AAA、CCC、GGG、そしてTTTを捨て去る。そうすれば、ある三連文字の隣に同じ三連文字をもう一度並べても、その二つをまたいだ間違った場所に偽の三連文字を生じさせることはないはずだ。これで残りは六〇個。次に、同じ三文字が同じ順序で使われる組みあわせ（たとえばACT、TAC、CTA）を思い浮かべ、どれか一つだけ選ぶ。ここで、もしACTが本来の暗号だとしても、ACTACTと並ぶとCTAやTACにも読めてしまう。そこで、CTAやTACは除外できる。この三つの三文字の組みあわせは結局同じものなので六〇個を三で割り、二〇個が残る。

だが、これだけでは三連文字がちょうど二〇個でなければならない証明とはならない。二〇個は超えないことを示したにすぎなかった。四種類の文字から三文字を組みあわせる三連文字が二つ並んだときに、そこに現れる重複部分でできるどの三連文字も意味をもってはならない。問題は、このような二〇個の三連文字を見つけだせるかどうかを証明することだった。風邪を引いたクリックはベッドの中で、そうした性質をもつ三連文字を二〇個作りだそうとした。だが一七個までしかたどりつけなかった。オーゲルはジョン・グリフィスに相談した。グリフィスは数学も勉強した化学者で、一九五二年にクリックが塩基対を作るときも手伝っていた。彼はすぐに、三連文字二〇個をひと揃い見つけだした。いやそれどころか、すぐに少なくとも二八八の解があることを計算し、どれも条件を満たす二〇の三連文字になりうることがわかった。

この暗号の美しさから見るに、クリックの推論を間違いだと判断するのはかなり難しいだろう。何より「不当な」三連文字ではなく、「正当な」三連文字暗号のはまるアダプターがあればうまくいきそうだ。この方向が見えた時点で、興奮が沸きあがりはじめた。実験することなしに、純粋な論理だけから、クリックたちは、四種類のアルファベットのうち三文字を使った組みあわせで、二〇個のアルファベット群を指定する暗号を書く方法まで発見したのだった。これで問題は解けた。しかしこの方法が真に正しいかどうか、クリックは躊躇していた。コンマなし暗号には、ほかになんの証拠もない。空中楼閣であり、証拠のない空想なのだ。この分野の数学者は（たとえば数学者のソロモン・ゴロムは）すぐに解析を進めて、そのような性質をもつ三連文字暗号の組みあわせをすべて作りあげた。しかし、クリックは現実の世界を足場にする経験主義者だった。過信を拒んだのだ。

それでもクリック、グリフィス、そしてオーゲルが遺伝暗号を解読したというニュースが広まった。コンマなし暗号について、まずはRNAタイクラブ用に論文を書きあげた。次は、参考文献として引用したい人たちの要望に応えるために、権威ある学会誌『米国科学アカデミー紀要（PNAS）』の論文として、一九五七年に、適切な但し書きを大量につけて世に出された。「この暗号を導きだすのに、われわれが採用しなければならなかった議論と仮定は、根拠がとても不たしかなので、純粋に理論的な立場から強い確信はもてない」。まもなく、コンマなし暗号がまるで事実であるかのように『サイエンティフィックアメリカン』に報告され、クリックがもはやコンマなし暗号説を放棄したずっと後になっても、ルース・モアは彼女自身の本『生命の渦巻き』で取りあげていた。「時折、自分以上に他人が信じてしまっていると気づくのは、ばつが悪かった」とクリックは後に振りかえる。

一九五六年四月末、クリックはアメリカに向かった。八月半ばまで一夏をアメリカで単身滞在し、オディールと子どもたちはノーフォークで彼女の母と一緒に過ごすことになった。六月には、ワシントン郊外のメリーランド州ベセスダにあるアレックス・リッチの研究室で、四〇歳の誕生日を祝ってもらった。リッチは、コラーゲンと、アデニンが連なった人工的なRNAの構造を研究する生物学者だ。ベセスダではリッチに車の運転も習っていた。だが無駄だった。リッチに言わせると、「二人とも自尊心をすり減らすはめになった」。

その後、研究会で遺伝の化学的基盤について講演をするために、クリックはボルチモアへ移動した。ここではクリックとワトソンの二人に、ボルチモアホテルのスイートルームが用意されていた。大統領が泊まる部屋だ。二重らせんが二人を超有名人へと押しあげはじめた兆しが伝わってきた。クリックの前の講演でシャルガフがDNAへの注目を辛辣にけなしてくれたおかげで、どうにかクリックは現実に戻った。「一五人ほどの小さなグループ」に呼ばれていたはずのウィスコンシン州マディソンでは、二〇〇人の聴衆が出迎えた。七月半ば、ミシガン州アナーバーで三回の講演を終え、クリックは長い手紙を二通書き（一通はワトソンに、もう一通はブレナーに）、自分が学んだ最新遺伝学の要点を伝えた。クリックがいかに素早く、個人的な意見の相違を葬ったのかは、ワトソンへの手紙を見ればよくわかる。ワトソンはといえば、年のはじめにロンドンで開かれたシンポジウム用のウイルスについての論文すら、まだ書きあげていなかった。したがって出版もできず、クリックはミシガンからの手紙を書く数週間前には、兄のような調子で激しく叱っていた。「私が非常に腹を立てていることは言うまでもないでしょう。また、会議で、君の不在の言いわけをするのもとても不愉快です。一〇代ならまだしも、二〇代も後半となった今の君に許されることではありません」。しかし、もう、そんなことはどうでもいい。クリックの頭の中は新たにもたらされる情報とアイディアでいっぱいだった。タンパク質はどのように合成されるのか。その理論を追い求めていた。「仮定」として、「ミクロソームの粒子は、（細胞質の）タンパク質合成の場所にすぎない」と提案した。この見立ては的確だった。

クリックからブレナーへの手紙は、次のように締められていた。「君が戻ってくるのを待ちきれません。一か月でも二か月でも早く戻れないですか」。クリックはだいぶ前から、ブレナーをケンブリッジ大学に復帰させたがっていた。前年の秋にジョン・ケンドリューの妻が彼のもとを去って、ヒュー・ハックスレイの研究室へ移ったときに、その機会はやってきた。ハックスレイは突然ケンブリッジを出ていくことになった。クリックは、自分のために実験をしてくれ、考えを引きだし、存分に会話を楽しめるパートナーを必要としていたのだ。ブレナーは両方の役割を果たすため、雇われることになった。

しかしその年末、ブレナーが到着する前に、真のブレイクスルーが起こった。それまでまったく理論上の概念的存在にすぎなかったアダプターが、実在のものとして現れたのだ。それは同時に三つの研究室で、一斉にわき起こった。なかでもマサチューセッツ総合病院のポール・ザメクニックとマーロン・ホアグランドが、おそらく一番はっきりした主張をしていた。ザメクニックは、ミクロソームを細胞から抽出して試験管の中に入れ、放射性同位体を含んだアミノ酸からタンパク質を組み立てる方法を開発した。そしてホアグランドは、タンパク質に取りこまれる前にアミノ酸はどれも一定時間、可溶性の小さなRNA分子に結合した状態でいることを見つけた。彼はアダプターを知らず、また

「暗号秘密結社」のメンバーでもなかったが、一九五六年終わりに「その発見は、君が発見する前にすでに事実上説明されていた」とワトソンから言われて意気消沈する。ホアグランドは自分自身を、木を切り倒して、汗をかきながらジャングルの中を進む探検者になぞらえた。その探検者は「最後に美しい寺をこの目で見られるという報酬にありつける。しかし、そこにはすでに薄紗の理論の翼に乗ったクリックがいて、彼が嬉しそうに、それをわれわれに示すのを見あげるのだ」。だが、クリックは可溶性（あるいは転移）RNAがアダプターだとする見方を拒絶した。想像よりも相当大きかったのだ。どのアミノ酸にも特異的な転移RNAがあることが徐々に明らかになるにつれて、理論的なアダプターと実際の転移RNAとが正確に対応していることがわかってきたが、これも後になってからの話である。

クリックは一九五六年八月半ばに、空路イギリスに戻ってきた。シドニー・ブレナーは一二月に到着し、家探しをする間、ポルトガルプレイスに移り住み、オースチン棟のクリック研究室に入った。その後二〇年間、本でいっぱいの同じ研究室を使い、ほぼ毎日話し続けた。二人の「おしゃべり」は午前のコーヒーの後に始まり、ときにはイーグルやフライヤーハウスでの昼食中、そしていつも欠かさず甘いビスケットを食べながら、午後の紅茶の時間までも続いた（ビスケットはクリックの大好物で生涯食べ続けた）。議論の中心にはたいてい黒板があり、単語や図が乱雑に書きつけられていた。遺伝子とタンパク質の共線性を証明することになるアナンド・サラハイは、わずか一日の間に、新しい理論や予測や事実が次々と出てきては、引っきりなしに黒板の内容が変わっていったことを覚えている。

ブレナーとクリックの対話は法則を生みだすおしゃべりだった。突飛な考えだろうと恥ずかしくはない。ほかの人が馬鹿げていると指摘しても、腹を立てることはなかった。もしドアが開いていれば、研究室の誰かが二人の話をさえぎることもできたが、はじめての客はまずは秘書に会うように指示された。ワトソンと同じくブレナーは、クリックよりもずっと生物学に詳しかった。ブレナーにとってクリックは「驚くべきほど、目撃者に慎重に質問をする人」だった。実験でどうやって検証するか、実際の様子をいつもブレナーに説明させた。

ブレナーとのおしゃべり以外、クリックの「仕事」の大部分は科学論文を読むことだった。恐るべき集中力で、まったく無名の文献からも成果を貪欲に学んだ。アーロン・クルーグはかつてクリックに、なぜどうせ役に立たない論文読みで時間を浪費しているのか、尋ねたことがある。「その中に手がかりがあるかもしれない」と答えが返ってきた。

クリックは「ファージ」研究室の設立を懇願し、場所と装置と資金をうまく手にしていた。議論以外のブレナーの仕事は、この研究室を立ちあげることだった。ファージ（正式名称はバクテリオファージ）はバクテリアを攻撃し、分子機構を破壊して、より多くのウイルスを産生するウイルスである。ファージがいれば、寒天板に成長するバクテリアの不透明な「菌叢」上に、死滅したバクテリアに見られる透明な溶菌斑が現れる。こうすれば簡単にファージの検出ができた。ファージの変異体ではバクテリアを死滅させられず、溶菌斑が出なかったり、小さかったりした。ブレナーは、まず、遺伝子とタンパク質の「共線性」（つまり遺伝子上の塩基配列が正確にタンパク質中のアミノ酸配列を決定すること）を証明したかった。

彼が扱ったファージの遺伝子は、ｒⅡとして知られていた。パデュー大学のシーモア・ベンザーは、何百もの異なったファージ変異体のうち、同じ遺伝子に変異が入っているもの同士をかけあわせ、ｒⅡの遺伝子地図を一塩基レベルの精度で見事に作りあげた。ベンザーはブルックリンの庶民的な家に生まれた。並外れた実験家で、遺伝子分野に移る前にすでに電子工学で立派な業績をあげている。彼の結論は、事実上、遺伝子は個別に存在するものであるという古い概念を覆していた。「遺伝子の分断」である。ベンザーはやがてミバエの記憶と交配を司る遺伝子を発見することになるのだが、一九五七年秋にケンブリッジ大学にやってきて、ブレナーの研究に加わった。ブレナーは、ベンザーが夜型人間で、ほんのちょっとでも寒くなると耐えられないことにとても驚いた。彼ら二人は塩基を別の塩基に変異させる化学物質を探し、どのアミノ酸が置換したのかを調べて遺伝暗号を解読しようとしはじめた。少なくとも計画上ではそうだった。

クリックは、椅子に座り、証拠をふるいにかけ、紛らわしい手がかりを捨て去り、真実を引きだした。そうやってＤＮＡからタンパク質への翻訳全体の様子を、ゼロから考えはじめた。その成果が、一九五八年にカンタベリーでの実験生物学会議で出された、最も注目すべき論文だ。ただ「タンパク質合成について」とだけ題し、その分野の概念を明確に提示したのだ。ニュートンの『プリンシピア』〔邦訳講談社〕やウィトゲンシュタインの『論理哲学論考』〔邦訳岩波書店〕のように、クリックの論文でも相互に関連した大胆な主張が連々と展開されている。遺伝子の機能はタンパク質を作ることである。タンパク質を作るアミノ酸は二〇種類あり、生物の種類に関係なく、二〇種類すべてがほとんどあらゆるタンパク質に登場する。タンパク質にはそれぞれ固有のアミノ酸配列があるのだ。タンパク質の折り畳み方を決めているのは、単にアミノ酸の順番にすぎない。そのアミノ酸の順番を決めているのは、遺伝子中の塩基の順番である。タンパク質は、細胞核ではなく、主として細胞質の「ミクロソーム粒子」（まもなくリボソームとして知られることになる）で作られる。核酸でできた特別のアダプターがアミノ酸をそこへ運ぶ。核酸からアミノ酸への変換に使われる暗号は、重複していない塩基の三連文字で書かれている。

推論だったが、すべて正しかった。クリックは、系統研究と分類学でタンパク質とDNA配列がどう利用されるかまで予言した。「進化を明らかにするための莫大な量の情報がそこに隠されているかもしれない」。文献中の大量の混沌とした情報から、ほぼすべて正しい結論を引きだした。単なる目くらましには惑わされなかったのだ。この直感力は生涯ずっと飛び抜けていた。この才能こそ、彼の価値そのものである。言葉では説明しきれない才能なのだ。もちろん、必ず正しいわけではない。「タンパク質合成について」では、ミクロソームのRNAがタンパク質合成の鋳型になるのではないかと書いた。二年後、ブレナーのひらめきでこの誤りは訂正されることになる。

その論文で最も注目すべき部分は、クリックが引きだした二つの一般的な原理である。

私自身の考えは二つの一般的な原理に基づいている。配列仮説とセントラルドグマと呼ぼう。両者の直接的な根拠は無視してもかまわないが、非常に複雑な問題をしっかり理解するためには、大きな助けになると考えている。多くの人がこの二つの原理を普通に使うようになるという希望を抱いて、私はここに提案する。まだ推論の域を出ていないのは、名前のとおりである。しかしこれらを無視して有用な理論を作りあげようとするのは、練習としてはいいかもしれないが、概してうまくいかず、何もえられないだろう。

「配列仮説」はDNAの塩基配列がアミノ酸配列を決定し、それ以外はタンパク質がどのように折り畳まるかを決めるのに必要ないという仮説である。たいていの生化学者にとっては異説だったが、クリックの仲間内ではすでに受け入れられていた。分子生物学における根本的な驚きである。もっともらしくなってきてはいたが、まだ仮説だ。一方の「セントラルドグマ」は論争を巻き起こし、悪名高くもあった。セントラルドグマの最初の定式化は、次のようになされた。

いったん「情報」がタンパク質に流れこむと、二度と出ていくことはできない。もっと詳しくいうと、核酸から核酸へ、あるいは核酸からタンパク質への情報の転移は可能かもしれないが、タンパク質からタンパク質、あるいはタンパク質から核酸への転移は不可能である。

クリックは、『サイエンティフィックアメリカン』の記事よりも数か月前に、「セントラルドグマ」

という言葉を使っていた。記事では、タンパク質が自分自身をコピーしたり、タンパク質自身のもとになる核酸のレシピを変えたりするのは許されないことを説明した。ただし、ワトソンとの間に、セントラルドグマの解釈に小さな違いがあった。そのずれはクリックが亡くなるまでだらだらと続いた。セントラルドグマは、よく「DNAがRNAを作り、RNAがタンパク質を作る」と単純に表現されてきた。たしかにワトソン自身、一九五二年にデルブリュックへの手紙の中で自分が最初にそう述べたと言っていた。だが、クリックが強調したかったのは、タンパク質は配列情報の受け手であり、送り手ではないという事実だった。

歴史家のロバート・オルビーが指摘するように、クリックは、なかなか否定できなかった考え方をつぶそうとしていた。つまり、DNAとタンパク質の間の関係は相互的とはいえず、DNAがタンパク質の配列を決定し、タンパク質もまたDNAの配列を決定するわけではない。「遺伝子」はそれゆえに、両者を連合させたものではないのだ。生化学的な意味では真実だが、情報の観点からはまったくの間違いだった。タンパク質配列に必要な情報は、DNA配列の中にある。DNA配列を組みあげるのに必要な情報もまた、DNA配列の中にある。クリックが「ドグマ」という言葉を使ったがために、時代錯誤のタンパク質主義者バリー・コモナーとの間でその後何年も大きなトラブルが続いてしまった。コモナーは全力で藁にもすがるがごとく、二重らせんは間違いであると言い続けるのに生涯を費やし、ついにクリックはコモナーを「片意地な迂愚」とまで呼んでいる。二〇〇二年の遅く、コモナーは『ハーパーズ』で、「ヒトゲノム計画によって、選択的スプライシングで生成した遺伝子の異なった断片から、二つ以上のタンパク質が作られることがわかり、セントラルドグマの反証となった」と主張した。奇妙な論理の飛躍がある。本来の文脈からは明らかなように、クリックは「ドグマ」という言葉で、「証明はない」ということを含意していた。それゆえに大胆な推論以上のものではあった。セントラルドグマを倒そうとする多くの挑戦をかわし、真実であり続けている。DNAの配列がタンパク質中のアミノ酸配列を決定するが、逆はそうではないのだ。

次の二年間は、大した進展はなかった。暗号は相変わらず捕まえどころがなく、ファージ研究もなかなかうまくいかなかった。クリックのファイルには、約一五〇ページにわたる手書きの暗号の案が蓄積されていた。そのときカルテックからよい知らせが届いた。マシュー・メセルソンとフランクリン・スタールが、分裂する細胞の中で遺伝子が複製されるときに、二重らせんの鎖が新しい鎖を作るための鋳型として働き、DNAは「半保存的に複製される」ことを示したのだ。一九五三年に予言されていたことだったが、二重らせんについての最初の独立した巧妙な証明になった。一九五八年三月、クリックはハーバード大学にいたワトソンに手紙を書いた。「シドニーには、暗号について新しく考えていることがいくつかあります。もう少しきちんとまとまってから、君に話します。……ガブリエルと私は風疹に、ジャクリーンはおたふく風邪にかかり、オディールには原因不明の発疹が出ていますが、それは別として、みんな元気です」（「それ〔夫の暗殺〕は別として、リンカーン夫人、劇はどうでしたか?」という古いジョークにかけている）。五月に、クリックはパリに向かい、パスツール研究所でフランス語の講演を行った。とはいえ、フランス語が自然に口から出てくるわけではないので、オディールに助けてもらって読みあげ原稿を作った。出来の悪い冗談を除いたものの、講演は大成功とはいかなかった。その春、オースチン棟を出て、目と鼻の先にある「ザ・ハット」に新しいオフィスを構えた。急勾配屋根の、パッとしない平屋のレンガ小屋で、今でもニューミュージアムサイトの中庭に建っている。そこでもブレナーとずっと同じ部屋だった。

一九五九年三月、クリックは、ペルーツとブラッグに推されて王立協会のフェローに選ばれた。ブラッグは推薦状に「クリックは最も活発で、知性があって、思索的な精神をもっている」と書いた。しかし、「クリックはいつもしゃべり続けていたので、私は、ワトソンがどれほどで、クリックがどれほどなのか、実はまったくよくわかっていない」と意地悪く付け加えている。当時、クリックは客員教授として一学期間ハーバード大学に行き、リッチ家に滞在していた。クリックはあちこち頻繁に動きまわる。そのため、終身職で来ないかというハーバード側の申し出も、じっくりと立ち止まって考えられなかった。バークレーに行く前の四月、クリックとオディールは短い休暇を家族で楽しむために、子どもたちをニューオーリンズ、そしてテネシー州グレートスモーキーマウンテンのガトリンバーグに連れていった。六月には、日焼けに苦しみながらも、ロングアイランドのブルックヘブン国立研究所のシンポジウムで講演し、暗号に関するかぎり、もがいている最中であると率直に認めた。同時に、暗号の問題は漠然とした段階から楽観的な段階を経て、いまや混乱した段階にあるとも語っている。前年の夏、二人のロシア人が、バクテリアのDNAとRNAの塩基組成解析について論文を発表していた。DNAの場合はばらつきが大きく、ある種の生物ではグアニンとシトシンの割合が五倍も高い。だがＲＮＡはいつも似たり寄ったりだった。おそらく暗号はすべての生物に共通してはいない。たぶん縮重していて、いろいろな方法で同じアミノ酸を綴っていた。きっとがらくたメッセージだらけで、符号化とは無関係なのだろう。クリックはこれらすべての可能性を述べ、がっかりしていることも自ら認めた。そして、続く議論では、もしかすると遺伝子はほんとうはＲＮＡから（あるいは純粋な糖の配列から）構成されているのではないかという指摘をなんとしてもかわさなければならなかった。「暗号の仕事はどこもめちゃくちゃに散らかっていた」。彼は語っている。「われわれは完全に道に迷っていた。どこへ向かったらよいかわからなかった。何一つうまくいかなかった」。

一九五七年、クリックは、メンデルとダーウィンの理論を調和させた偉大な進化学者サー・ロナルド・フィッシャーの後任として、ケンブリッジ大学の遺伝学講座アーサー・バルフォー記念教授職に応募していた。フィッシャーはクリックの立候補を励ましたが、任命委員のシリル・ダーリントンが画策し、クリックが落とされ、集団遺伝学者のジョン・ソディが選ばれた。遺伝学者にとっては、実際の遺伝子云々よりも抽象的な遺伝学の方が好ましかったのだ。これが厳然たる現実だ。オックスフォード古参遺伝学者のダーリントンはややつむじ曲がりで、ＤＮＡがタンパク質合成を指揮しているとまだ認めない人物の一人だった。ＤＮＡとタンパク質は同等で相互的な関係だととらえていた。まさにセントラルドグマを反駁する考えだ。

確認しておこう。科学界でも、そのとき、事態はクリックの思うようには進んでいなかった。「タンパク質合成について」できわめて論理的に綴られた理論は少数意見だった。しかも次々と現れる新しい結果は、クリックの理論とは一致しなかった。一九五九年九月、クリックは、ワトソンの昔の同僚オーレ・モーレが主催した会議に出席するため、コペンハーゲンに行った。そこへパリから熱い知らせが届いた。ジャック・モノーとフランソワ・ジャコブが美しい実験を行ったが、クリックの考えとはまったく一致しなかったのだ。クリックより六歳年上のモノーは、驚くほど多才な人物だった。船乗り、ロッククライマー、チェロ奏者、オーケストラ指揮者、共産主義者、フランス抵抗軍の戦士。四〇歳ぐらいまでは、研究室の実験台から離れ、娯楽もかなりたしなんでいた。しかし一九五〇年代中頃、あるバクテリアがラクトースという糖の存在に反応して、素早く自分のタンパク質を合成するスイッチを入れる可能性があることを証明した。最初に見つかった遺伝子スイッチの証拠だ。もう一人、ジャコブの体には、一九四四年に自由フランス軍と戦ったときに受けた榴散弾《りゅうさんだん》の破片がいっぱい残っていた。その身体で、遺伝子を順に別のものに移す際、バクテリアの「接合」を阻止する素晴らしい技術を開発したのだ。ジャコブの技術によって、染色体に沿って遺伝子地図を描けるようになった。一つのバクテリアが別のバクテリアへ遺伝子を移すとき、移された方のバクテリアは、その遺伝子によって指定されるタンパク質を三分以内に産生しはじめる。新しいリボソームの生産は非常に速い。パリ滞在中だったカリフォルニア出身のアーサー・パーディーとともに、ジャコブとモノーが突きとめた。この「パジャモ（PaJaMo）」実験（パーディー、ジャコブ、モノーの名前にちなんだ呼び名）は、クリックが「タンパク質合成について」の中で仮定した、それぞれのリボソームは一つの遺伝子からコピーされたRNAを運び、特定のタンパク質を作るということと相入れなかった。当然クリックは、その実験に納得がいかない。実験事実が理論にあわないのなら、最初に疑うべきはその事実であるとクリックは語った。

一九六〇年四月、ジャコブは会議でロンドンにいた。そしてイースターの週末に、ケンブリッジを旅した。聖金曜日《グッドフライデー》の四月一五日、研究室は閉まっていたが、クリック、ブレナー、その他のメンバーがキングスカレッジのブレナーの部屋に集まり、ジャコブが再度不可解な物語を詳しく話す。懐疑的な空気が聴衆から伝わってきた。「フランシスとシドニーは、ほんとうに私を審査していた！質問で、批判で、コメントで。猟犬の一群が私の周りを疾走し、今にも私のかかとに噛みつきそうな感じだった」。ジャコブは一歩も退かなかった。遺伝子が放射性リンの崩壊によってゆっくりと破壊された直後、タンパク質の産生が止まるという新しい証拠を述べた。突然、ブレナーが「叫び声」をあげ、早口で話しはじめた。クリックが同じように早口で言いかえした。部屋にいた残り全員はただ驚きいて見入った。ブレナーの中にはもう答えがあった。クリックはブレナーが答えにたどりつくのを見守っていた。リボソームにタンパク質を作るレシピは書かれていなかった。単なるテープ読みとり機にすぎない。「メッセンジャー」RNAという正しいテープが与えられれば、いかなるタンパク質も作りあげることができたのだ。四年前にエリオット・ヴォルキンとラザルス・アストラチャンは、ファージのDNA配列を鏡に写したような構成をもつ、ある種の不安定で遊離したRNAを見つけていた。実はそのときすでにメッセンジャーが姿を現していた。ヴォルキンとアストラチャンは、より多くのDNAを作るために使われる中間体を見つけたと考えたが、実際はリボソームによって読まれ、タンパク質に翻訳される遺伝子のコピーとなるRNAを見つけたのだった。ブレナーは嘆いただろう。なぜなら、これこそまさに、フォン・ノイマンがいうテープとテープ読みとり機からなる自己複製機械だったからである。クリックはその瞬間をこう書いている。「その瞬間は絶対に忘れられない。そのとき、シドニー、フランソワ、そして私が部屋のどこに座っていたのかまでも思いだせる」。

ブレナーとジャコブはすぐにメッセンジャーRNAの存在を証明する実験を計画し、その夏、カリフォルニアで実行に移した（その実験で一時的にブレナーとワトソンとの間に悪感情が生じた。ジャコブがクリックとブレナーを訪問する六週間前に、ハーバードのワトソンの研究室がリボソームRNAはアミノ酸配列を指定していないことを示す、ファージ実験を完了させていた）。クリックは、おそらくその日の午後、椅子に腰掛けて新しく理解したことを論文に書いた。でも出版はしなかった。その夜、クリック家でパーティーが開かれた。しかし、いつもとちがって、ワインがあっても女性がいても、集まった人たちの関心はそれなかった。科学者たちは立ったまま、メッセンジャーRNAについて語り続けた。「発見」はその日突然やってきたが、機は熟していた。振りかえれば、クリックが予言し一年後に見つけられたアダプターとはちがって、メッセンジャーは（ヴォルキンとアストラチャンによって）発見されてから受け入れられるまで四年も待たなければならなかった。リボソームはタンパク質を作る。リボソームには多くのRNAがあり、リボソームのRNAは遺伝子のコピーでできているという固定観念をあらゆる人がもっていた。いまやタンパク質を指定するRNAは外からやってきて、リボソーム自身のRNAは単にリボソームの構造の一部にすぎないことが明らかだった（そのRNAはまた特定の遺伝子に由来するのだが)。これで遺伝暗号の解明を阻害してきた厄介な事実を、すべて片づけることができた。リボソームRNAは、細胞、種、あるいは、作られるタンパク質の種類がちがっても、決して大きく変わらない。それが事実だった。暗号解読への取りくみがまた始まった。

第8章

三連文字とチャペル

一九六〇年八月、クリックのもとに、アメリカ公衆衛生協会のラスカー賞受賞の知らせが届いた。二重らせんの業績による、ウィルキンス、ワトソンとの共同受賞だった。三人にそれぞれ二五〇〇ドルとサモトラケのニケの小像が贈られた。ラスカー賞はノーベル賞の登竜門でもある。そのことの方がずっと大事だ。引き続いてフランス科学アカデミーのチャールズ・レオポルド・メイヤー賞を、そして一九六二年にはカナダ・ガードナー財団のガードナー国際賞を受賞していく。

一九六一年、クリックは三フィートの金属製らせんを工作室に作ってもらった。金色に塗って、ポルトガルプレイス一九番地のドア上の壁につけ、このらせんを「ゴールデンへリックス」と新たに命名する。二重ではなく一本のらせんだが、彼が最初にらせん理論のブレイクスルーをなしとげた誇りを示すものだった。ゴールデンへリックスでの暮らしは順調だった。オディールは三階のアトリエで絵を描いたり、壺やカップを作ったりしていた。ガブリエルとジャクリーンは、クリックが「手を握ったり、就寝時におとぎ話をしてくれたり、自転車の乗り方を教えてくれるような父親でない」ことをさみしがったが、彼は優しい父親だった。クリックが食卓にあるフルーツボウルの果物で二人に惑星や粒子の科学を教えようと奮闘すると、かえって子どもたちの興味を失わせることもあった。家族でコンサートや映画に行くのはごくごく稀だった。マイケルがうちの家族はどうしてもっと映画を見に行かないのかと尋ねると、クリックは「スクリーンでノイローゼの人を見るのは現実の生活と何も変わらない」と答えた。暮らしはじめて数年、クリック家にはラジオもテレビもなく、雑誌は少しだけ、新聞もなかった。マイケルにとって、毎週日曜日の朝、父親が浴槽で読む『オブザーバー』をわざわざ一部買いにいくのは面倒な仕事だった。

しかし、パーティーは頻繁に開かれ、女性客が美しく、次々とフルーツポンチが出てくることで有名だった。「浜辺に住む浮浪者か伝道師」の格好をしてくるよう客にリクエストするときもあったし、一九六二年六月一日金曜日夜九時開始のゴールデンヘリックス「アトリエパーティー」では、「芸術家かモデルか踊り子」の格好をした客が集まった。オディールが描いた裸体画のスケッチが、招待状に彩りを添えた。客は全員スケッチ帳と鉛筆をわたされ、アトリエの窓の下のソファでポーズをとるヌードモデルを描かされる。落ち着いたケンブリッジにかなりのセンセーションを巻き起こすことになった。

一九六一年二月、クリックは一人で研究室に向かった。彼には試したいアイディアがあり、ブレナーが真剣に考えだすまで待てなかったのだ。クリックはファージの交雑を独習し、溶菌斑からほんの少しだけサンプルをとり、新しい菌叢の上にあるほかのサンプルと交雑させ、そのプレートを摂氏三七度で数時間培養した。予想どおり不器用だった。そして、そうした操作の理由を実験助手と理屈っぽく議論していたが、これも想定内の行動である。しかしどうしても自分でやろうと決心していた。二種類の株のバクテリアを使った。そのうちの一つはある特定の遺伝子が壊れたファージに免疫がある株で、もう一つはファージが感染しやすい株だった。こうして、ウイルスの遺伝子の変異を見つけることができた。クリックが興味をもったのは、どうやって一つの変異が別のもう一つの変異を抑制するかだった。ウイルスに変異を引き起こすいくつかの化学物質は、ある点変異を「治したり」抑制したりもするが、点変異が別の化学物質によって生じた場合はそうではないことを、ブレナーとアリス・オーゲルが見つけていた。プロフラビンと呼ばれる黄色のアクリジン染料は、一つの変異を引き起こすことで、ウイルスの活性を正常に戻した。一九六〇年一一月のある土曜日に、ブレナーは（もちろんイーグルでクリックと食事をしているときだったのだが）、プロフラビンが暗号の中のある文字を置きかえたからではなく、配列に一塩基を挿入させたり、欠損させたりしてそうなったという結論にいたる。

クリックは、どのように二つの変異がお互いを抑制するのか、仮説を考えた。その中身はこうだ。まず、メッセンジャーRNAが自身をひねって、ゆるい二重らせんのループに入りこみ、リボソームにそのメッセージを示す。そこに挿入された文字は、ひねられた反対側の鎖に別の文字が挿入されることによって、幾何学的に修正される。それゆえに、お互いを抑制する変異は、ウイルス染色体の離れた地点に位置することを期待した。

期待ははずれた。最終的に三つの抑制変異の位置を決定したとき、それぞれの場合で抑制体の変異の場所は、抑制していたもとの変異の場所に非常に近かったのだ。五月に、クリックは新たな実験を思いついた。P13と呼ばれていたある変異体の一つを取りあげ、FC0と名前をつけ直すと、まずそれを抑制する別の変異体を探す。そうやって新しい抑制体を次々と見つけていった。どの場合でも新しい変異は全体に行きわたらず、部分的に最初の変異の効果を修復した。真夏までに、二五対以上の変異とその抑制体を見つけだした。

こうして何週間もの間、日常的に実験（一日に二つの交雑種を作り、時折溶菌斑をつつく仕事をはさんで何時間も培養すること）をし、クリックは自分でも驚くほど楽しんだ。たいていは週末に実験し、月曜を休みにして、実験助手が器具洗いや準備をできるように配慮した。実験場所は、動物博物館の立入禁止の廊下。そこには以前クジラの骨組みがしまわれていたのだが、動物学の教授が何も考えずに、クリックに入ってもよいと許可を与えていたのだ。クリックの回顧録に詳しく書かれているとおり、あるとき一人の（オディールが芸術的に仕上げた）「魅力的な友だち」が夜遅く研究室に入ってきて、クリックの髪に手を差し入れ、「パーティーに行きましょ」と誘いをかけた。だが無駄だった。クリックは（実験に）取り憑かれていた。

それでもなお、その夏、オディールはクリックに、ラスカー賞の賞金で本格的な休暇をとってほしいと頼んだ。休暇は六月にモンブランを見わたせるコルデヴォーザのホテルで行われた科学会議に始まり、モスクワでの国際生化学会で終わった。どうにか七月全部と八月の一時期、家族水いらずの休暇を過ごすことができた。友人を通じてタンジールで別荘を借りた。別荘は大西洋を地中海から分ける半島の一番先にある岩ばった岬にあった。モハメドという名の住みこみの使用人がいて、日決めで臨時のお手伝いが来た。オディール、貴族のようなドイツ人オペアのエレオノーレ・ブロエムサー・フォン・リューデスハイム（彼女のボーイフレンドで後の建築家のサメット・ジャムサイも一緒だった）、そして子どもたちは海岸で遊び、市場で買い物をしてくつろいでいたが、クリックはヤシの木蔭のテラスで論文を読んでいた。八月に彼がモスクワへ向かった後も、家族は一週間長く滞在した。モスクワで何が起こったかは９章で語られよう。

クリックはケンブリッジに戻ると、いわゆる「叔父と叔母」を試しはじめた。一つの抑制体を抑制するものは、同じ「階級」の別の抑制体を抑制するだろうか？　そのとおりだった。抑制体は、きちんと二つに分けられ、プラスとマイナスと呼んだ。すべてのプラスはすべてのマイナスを修正し、またその逆もそうだった。しかし、プラスはプラスのものを修正できず、マイナスはマイナスのものを修正できなかった。もはやひねり仮説は間違っていて、何が起こっているのかは手に取るようにわかった。アクリジンによって引き起こされるいくつかの変異は余分な塩基の挿入であり、そのほかは存在していた塩基の欠損だった。短い連続した意味のない配列の後で、メッセージを軌道に戻せば（つまりフレームシフトを修正することによって）、挿入は欠損を抑制することができたし、逆に、欠損は挿入を抑制することができたのだ。それぞれの「階級」は、それゆえ、すべて欠損か、すべて挿入であった。次に、ブレナーは、遺伝子の左端に近い部分に、それぞれ三塩基の挿入や三塩基の欠損をもつ変異体を作製する方法を提案した。もし暗号が三連文字で書かれているのなら、一文字か二文字の付加や削除はメッセージを壊すけれども、三文字の付加や削除はメッセージを元のように同調させ、遺伝子を復活させるだろう。実験の大部分は研究室の実験助手レスリー・バーネットによって進められていた。後にクレアホールのシニアチューター〔各カレッジにおける教育の最高責任者〕になり、彼女にちなんで名づけられた建物もある。ある夜、ディナーの後で、彼女とクリックが、最初の三塩基交雑種を培養器から取りだすと、そこには三塩基の変異体は事実上正常であることを示す紛れもない溶菌斑があった。「理解していますか?」とクリックはバーネットに尋ねた。「これが三連暗号であることを知っているのは、世界で君と私だけなのです」。

その実験はまた、暗号はある決まった出発点から、三つずつ数えて読まれなければならないことも証明していた。少し皮肉ではあるが、クリックがコンマなし暗号で彼自身が拒否したかったことの証明でもあった。だが、母なる自然が選んだのはそのやり方だった。さらに、クリックとバーネットは、ついに六四から二〇を選びだす数霊術的な魅惑も打破した。彼らが確認した抑制体のほんとうの数は、コンマなし暗号によって示唆されていた意味のない三連文字という考えをも除外したのだ。たとえ「間違った」ものであったとしても、すべての三連文字は一つのアミノ酸を表した。暗号は、いくつかの異なった三連文字がそれぞれのアミノ酸を符号化していなければならない。六四から二〇を選びだす魔法の賢い方法はなかった。ただ、たくさんの重複があったのだ。

クリックを理論家として知っていた人たちは、彼はサイドラインの外側から励ますだけで、実際はほかの人たちが実験を行ったのではないかと疑った。今回はちがう。クリックは、きちんと一生懸命に自分自身で実験をし、それぞれの交雑を考え、注意深く結果を採点したのだ。三連文字暗号の論文「タンパク質暗号の一般的性質」は、一九六一年の大晦日前日、バーネット、ブレナー、そして若い物理学者のリチャード・ワッツ＝トビンを共著者として『ネイチャー』に掲載された。その論文は分子生物学の歴史において画期的な仕事であり続け、クリック自身の実験を詳しく書いている点でほかの論文とはまったく異なる。当時としては珍しく、大晦日の新聞に大きく取りあげられた。「科学者たちは生命の暗号を解読した」と『サンデータイムズ』は書いた。新聞は大げさに先走るものだが、『オブザーバー』も「生命の秘密を解き明かす大きな進歩が今にも起こりそうだ」と書いた。「天才や怪物、あるいは、あらゆる病気に抵抗性があり、異なった本能をもつ生物を意のままに作りだす見込みは、今でもとても少ない。決して実現しないかもしれない。しかしそれはもはやＳＦではまったくない」。報道は、クリック自身の実験結果ではなく、八月のモスクワの生化学会議でなされた「驚くべき」発表にクリックがコメントした最後の二段落に触発され、盛りあがっていった。生命の暗号が決められた出発点から三つずつ読まれることを証明する前でさえ、最初の三連文字はすでに解読されていた。クリックはこう語っている。「われわれの結果が示すように、もし暗号の比率が実際三であり、暗号が自然を通じて同じであるのなら、遺伝暗号は一年以内に解かれるだろう」。

その秋、クリックにはこれまでとは別の名声がもたらされていた。一年前に、チャーチルカレッジで新設のフェローになっていた。戦時中にチャーチルの科学アドバイザーだったチャーウェル卿が主導して、ウィンストン・チャーチルに敬意を表して設立されたこの大学は、はっきりＭＩＴをモデルにした理系大学として作られている。当時問題視されていた国家的な科学者や技術者の不足を解決しようとする、イギリスの試みだった。クリックは、その大学がチャペルを建てるということを耳にしていたので、最初は就任を断った。当初、チャペルは計画になかった。サー・ウィンストン（彼自身、頻繁に教会に行く人ではなかった）は気乗りせず、「静かな部屋ならいい」とは言ったが、信心深い人びとの圧力に負けてしまっていた。大学の理事たちは、もし資金が集められるのであれば、チャペルを建ててもよいとしぶしぶ認めてしまったのだ。地球物理学の教授で、クリックの海軍時代からの友人であるサー・エドワード・バラードは、このときすでにフェローになっていた。彼はクリックのところにやってきて、説得にかかった。「チャペルの資金は、キーズカレッジ学長のレヴェレンド・ヒュー・モンテフィオレが寄付しているたった一〇ギニーだけだから、おそらくチャペルは建てられないだろう」と言った。それでクリックはフェローになったのだ。

モンテフィオレが腹黒いことを考えに入れていなかった。モンテフィオレは、チャペルの資金を出してくれる後援者を探しはじめた。そして、聖職受任候補者で、後に自由党の政治家になり、緑の党に移った一代貴族のティモシー・ビューモントに目をつけた。ビューモントはちょうど莫大な財産を引き継いだところだった。彼はチャペル建設の全資金にあたる三万ポンドを寄付した。フェローたちが意見表明する前に、チャペルの土台は掘られてしまった。一九六一年夏、クリックがタンジールにいたときだった。一九六一年九月にフェローと理事が招集された。クリックはその一年前、フェロー就任に同意したときに欺かれていたのだと感じて、ただ職を辞した。だが後になって早まって行動したことを悔い、議論するためにも職に留まればよかったと感じた。

サー・ウィンストン・チャーチルに短い手紙を送り、フェロー職の辞職について説明した。そして、次のような返事を受けとっている。

あなたがチャーチルカレッジを辞めると知り、大変残念に思います。そして、辞職の理由に困惑しています。チャペルの資金は、その目的のため特別にビューモント氏から提供されたもので、通常の大学の資金は使用しません。チャペルは、宗教への見方がどうであれ、大学で生活する多くの人びとが楽しんでくれる施設で、入りたくなければそこへ入る必要もありません。

クリックは、一〇月一二日に、ゴールデンへリックスから返事を送り、とんでもない提案をした。

私の立場を少し明らかにするために、チャーチルカレッジ・ヘタイラ［高級娼婦］基金の一〇ギニーの小切手を同封します。私の希望は、大学内に恒久的な宿泊施設を建て、立派な殿方を世話するために、注意深く選んだ若い女性たちを住まわせることです。そして、いったんこの制度が伝統になれば、間違いなく殿方に権利を与えて、メインテーブルで食事をすることができるようになると思います。

私は、そのような建物は、ケンブリッジに住む多くの人びとを大いに楽しませる施設になると確信しています。しかし、その制度は強制的ではなく、もし望まなければ、入る必要もありません。さらに、それは（良心が許せば）英国国教会のメンバーだけでなく、カトリック、非国教徒、ユダヤ教徒、イスラム教徒、ヒンズー教徒、禅宗の人、そして私のような無神論者や不可知論者に対してさえも、開放されるでしょう。

［理事たちは］私が一〇ギニーを送ったことを、悪趣味な冗談だと感じるかもしれません。でも、それがまさしく、二〇世紀も半ばを過ぎ、科学をとくに強調すべき新しい特別な大学にチャペルを建てようという理事たちの提案に対する、私の考えです。当然、少なくとも、この先の一〇年ぐらいは、大学のメンバーの何人かはキリスト教徒でしょう。しかし、私には、彼らに特別な施設を提供することによって、大学がなぜ暗黙のうちに彼らの信念を支持するのか、よくわかりません。街にある教会の半分は空であるといわれています。教会が向かわなければならないのは、教義以上のものではないでしょう。教会にはそこへ向かわせましょう。

このような趣味の悪い冗談でさえ楽しめますが、私は、自分がそうして楽しんでいることで、あなたの輝かしい名前をもつ大学を辞めなければならないのは遺憾なことです。

チャーチルは返答しなかった。手紙の隅には鉛筆で「敬意を表して小切手をお返しします」という言葉があった。

チャペル論争は、それだけでは終わらなかった。残りのフェローのグループは、チャペルをキリスト教の礼拝以外に、瞑想室としても使えるよう要求した。そこには恒久的な十字架はない方がよい。モンテフィオレはこの態度を反キリスト教的だと非難し、ビューモントは要求に同意することも、寄付金を引っこめることも拒否した。その冬の間中ずっと、ケンブリッジは大騒ぎであった。しかし結局、ゴタゴタした妥協の末に、チャペルを大学の土地の外に建てることになり、ようやく緊張が緩和された。クリックはキングスでフェローの地位を差しだされても、キングスが精巧な一五世紀のチャペルを取り壊した場合にかぎり、この申し出を受け入れるという気の利いた噂が広まった。数年後、クリックは「過去のことを水に流す」ために、チャーチルの名誉フェローになった。

「この先一〇年ぐらい」の話は冗談じみてしまうが、クリックはほんとうに宗教が死につつあると考えはじめたようだった。二年後、彼は「大学のチャペルをどう処理できるか？」という題の最優秀エッセイを選ぶコンテストのために、ケンブリッジ・ヒューマニスト協会に一〇〇ポンドを寄付した。勝ち残った応募作品は（審査員の中には小説家のＥ・Ｍ・フォースターもいたが）、チャペルはプールに作りかえるべきであると提案していた。これに呼応して、大学礼拝堂勤務の牧師は「クリック博士をどう処理できるか？」というエッセイのために一〇〇ポンドを出しているという噂が流れた。ケンドリューは、両方の告知を切り抜いてハーバードのワトソンに送り、それぞれのコンテストに出してみたらどうかと勧めた。一九六六年に、クリックは「なぜ私はヒューマニストなのか」というエッセイを雑誌『ヴァーシティー』に書いた。「近年、分子生物学は、事実上、生物と無生物の間の区別を消し去った」と彼は記す。「世界のどの宗教にもある説話は、子どもたちに話される作り話のようになった」。生物学者のW・H・ソープから『ヴァーシティー』に送られた手紙に、クリックはより力強くこう書いた。「反論を主張するのはよい作法だから、私はおそらくこの点を強調すべきだ。私はキリスト教の信念を尊重しない。私は、それらは馬鹿げていると思う」。

クリックは何年間か、結婚式、葬式、そして教会での洗礼式に出るのを拒み、パーティーにだけ顔を出した。しかし、もしヒューマニズムで徹底するならば、それはそれで宗教的な儀式にとってかわる新しい形態の作法が必要だとも感じた。クリックは大学の食前用に新しい感謝の祈りも作ってみた（「われわれが食べられるように働いた人たちを今思いだそう」）が、すぐにヒューマニズムのパラドックスに悩まされた。すなわち、宗教がより形式的に、より儀式的に、より偏狭になるように、ヒューマニズムもそうなっていくように思えた。熱心な無神論者は、熱心な信者と同じように、おもしろくもなんともなくなってしまう可能性があるのだ。

第9章
賞

突然チャーチルカレッジを辞めた動機には、おそらく、クリックが興奮していたこともあった。ちょうど暗号が解明されそうなときで、牧師との話で研究に集中できなくなるのは最悪だ。一九六一年八月、モスクワでクリックを驚かせたニュースは、マーシャル・ニーレンバーグからもたらされた。彼はそのときまで、自選の暗号エリートたちには無名の存在だった。モスクワ大学での国際生化学会の三日め、ニーレンバーグはある教室で一五分間の講演を行った。聴講者はまばらだったが、マットイ・メセルソンがその講演を聞き、すぐにクリックに伝えた。クリックは自分が座長をする最後のセッションにニーレンバーグをその場で加え、講演を繰りかえさせた。ニーレンバーグは、ワシントン郊外にある国立衛生研究所のほとんど無名の研究室でリボソームを取りだし、試験管内でタンパク質を作る技術を完成させたと発表した。ポール・ザメクニックが最初に開発していた技術だった。また、タンパク質を作るためには、ひと続きのＲＮＡが必要だとすぐに理解したことも伝えた。ＮＡＴＯの奨学金を受けたドイツ人の同僚ハインリッヒ・マッタイは別系統のＲＮＡを試し、どのタンパク質を作りだすかを発見している。一九六一年五月二七日午前三時に、マッタイは合成したばかりのウラシルだけでできた（ポリUとして知られている）人工RNAを試した（ウラシルはチミンのRNA版である）。リボソームは純粋なポリフェニルアラニンを作りだした。暗号は三連文字だ。つまり、これは最初の「言葉」が解読されたことを意味した。UUUはフェニルアラニンの暗号だった。

ニーレンバーグがモスクワにいる間、マッタイは彼に電話をし、シトシンでもそのやり方を繰りかえし、二番めの言葉を解読したと報告した。ポリCはポリプロリンを作るようだった。合成RNAをリボソームに加え、リボソームがそれらから何を作るかを見るこの技術は、皮肉にも、ブレナーとクリックが現実的でないと見下した方法だ。しかし、暗号の解読は、メッセンジャーの発見から論理的に導かれる次の段階であった。ニーレンバーグとマッタイの大成功によって、新しい分子生物学者が、少しでもほかの科学者に近づくための最初のヒントが見つかった。エリートたちには古い正統派の学説が骨の髄まで染みこんでしまっているので、世に知られていない異端者でもブレイクスルーをなしとげられたのだ。

クリックはモスクワから戻り、チャーチルカレッジのチャペル論争から撤退し、その異端者に加わることを優先した。すぐに、RNAを合成するための酵素を発見したフランス人生化学者マリアンヌ・グルンベルグ＝マナゴと共同研究を始めた。そして、細胞を用いない無細胞実験系を学ばせるために、改めて訪問博士研究員のジム・オフェンガンドをニーレンバーグのところに向かわせた。博士課程の学生としてマーク・ブレッチャーがチームに加わる一〇月までに、ポリUの実験を繰りかえし、ほかの合成RNA、とくに二塩基のランダムな混合物を使う実験に着手しようとしていた。彼らはまもなく、ポリUCとポリUAが、ロイシンをペプチドに取りこむことを明らかにした。しかし装置でかなわないアメリカの研究室の進展が圧倒的だった。ニーレンバーグとニューヨーク大学のセヴェロ・オチョアがその中心にいた。オチョアはRNAポリマー合成の先導者だったので、ニーレンバーグに最短で追いつけたのだ。「暗号の問題は、かなり抽象的な推測の領域から抜けでて、実験という倒《こ》けつ転《まろ》びつの段階に入りこんだ」とクリックは書いた。クリックは自分自身を多くの主張の裁き役と定めた。その頃、ドイツ人によるタバコモザイクウイルス実験のデータ一式を入手していた。その実験では、亜硝酸によって引き起こされた変異は、予想どおりシトシンをウラシルに、そしてアデニンをグアニンのように振る舞う化学物質に変えていた。このことが、最終的に暗号が縮重していることの証明になった。つまり、ほとんどすべての三連文字は、たとえいくつかの三連文字が同じ意味をもつことがあるにしても、一つのアミノ酸を指定しているようだった。またヒトのヘモグロビンの自然突然変異についても調べた。まもなく、暗号はヒト、タバコ植物、そしてバクテリアにおいて、同じでなければならないことが判明する。このようにして、暗号が普遍的であることがたしかめられたのだ。

クリックは「暗号問題の最近の盛りあがり」という総説を書いた。オチョアは異なった三連文字の意味について少し軽率で杜撰な主張をたくさんしていたが、その総説でこうした主張を査定する「割の悪い仕事」を自分自身に課した。彼は結果の大半は間違っていると疑った。もっと悪いことに、(振りかえってみると)使われた沈殿剤が特定のアミノ酸にしか働かなかったので、その無細胞実験系は、Uを多く含むRNAにしかうまく作用しなかった。その論文で、三連文字は一年以内にすべて解読されるという大胆な主張をしたものの、無謀だったこともはっきりした。それにもかかわらず、クリックはこの総説をもう一つの大胆な主張で締めくくった。遺伝暗号は「重複のない三連文字の暗号であり、半系統的でかなり縮重しており、普遍的であるか、あるいはそれに近い」。再び、混乱から時間を超越した真実を選別する才覚を見せつけた。

一九六二年二月、分子生物学研究所はキャヴェンディッシュとの関係を断ち、ケンブリッジの外れの新しい建物に移った。そこは、新しいアデンブルックズ病院の隣で、クリックが生物学の研究を始めたストレンジウェイズ研究所のすぐ近くにあった。同時に、生化学部門からフレッド・サンガーのグループを、また、バークベックカレッジからアーロン・クルーグのグループを吸収した。全部で約六〇人の科学者が、新しい、少しモダニズム風の建物にやってきた。ザ・ハットの形式張らない気風（全員をファーストネームで呼び、ネクタイをしない）はそのまま続いた。委員会も公式報告書も研究費の申請もなかった。科学者たちは、研究所の予算の中で、好きなことを研究できた。ペルーツはずっと民主主義者だったが、部長でなく、理事会の委員長という肩書きを好み、クリック、ケンドリュー、そしてサンガーを理事会のメンバーにすえた。五月に、女王が公式に建物の開設のためにやってきた。クリックとブレナーは、王室には不賛成であるといって離れていた。ちょうどイギリスに来ていたワトソンが幸運にも二人のかわりをし、女王と馬の繁殖についておしゃべりをした。

一九六二年一〇月一八日、キューバのミサイル危機が始まった三日後だった。イギリスのケンブリッジ、マサチューセッツのケンブリッジ、そしてロンドンで電話が鳴った。クリック、ワトソン、そしてウィルキンスは、同時に、自分たちがノーベル医学生理学賞を受賞したことを知った。それは驚嘆する知らせではなかった。前年、ジャック・モノーはクリックに二重らせんの発見の話をするように依頼していた。クリックは、スウェーデン王立科学アカデミー向けに短い報告を準備しはじめた。クリックは当時を振りかえってこう書いている。「われわれがその構造を解明するのに、ほんとうに役に立ったデータは、主として、数年前に亡くなったロザリンド・フランクリンが集めたものである」。しかし、ノーベル賞は、決して死後には与えられない。また一つの賞は三人までしか授与されない。フランクリンが生きていたら、アカデミーは、彼女とウィルキンスに化学賞を授与することで、この問題を解決したのだろうか。実際は、化学賞はタンパク質の研究に対してペルーツとケンドリューに与えられ、その年はケンブリッジのメンバーがほとんどの賞を総なめにした。ロシア人のレフ・ランダウが物理学賞を受賞したが、自動車事故で脳に傷害を受けたばかりで、ストックホルムでの式には出席できなかった。文学賞はジョン・スタインベックだった。

通りがかった友人からノーベル賞のニュースを聞いたそのとき、オディールはトリニティ通りで買い物をしていた。お店が早く閉まる水曜日だった。彼女は急いで、食料雑貨店で食べ物を、ワイン屋でシャンペンを、魚屋でバスタブに入れてシャンペンを冷やす氷を買った。パーティーの準備だ。その夜のゴールデンへリックスは、屋根から人があふれるほどだった。途中で、アメリカからワトソンが電話をしてきた。「もしトンチンカンだったらごめんなさい。でも、周りがすごくうるさくて、ほとんど君の話は聞きとれなかったんだ」とクリックは翌週手紙を書いた。お祝いメッセージが次々に届く。その中には、変人、サインを求める人、宗教がかった熱狂者、そして絶望的な病人からの手紙もあった。

一一月にガードナー賞の受賞式でトロントに行った後、クリックは家族全員を連れて、一二月のノーベル賞の式典のためにストックホルムに向かった。王室嫌いもスウェーデン王室までは拡大しなかったようだ。国王からメダルを受けとるときには、わずかにお辞儀もしている。セレモニー後の宴会では、オディールは八〇歳のグスタフ国王の隣、フランシスは白いネクタイと燕尾服を身につけ、二四歳のデジリー王女の隣に座った。スタインベック、ワトソン、そしてケンドリューがスピーチをした。クリックは、自分の席のカードに「私がやるよりずっとよかった、F」と書き、テーブルの上をすべらせてワトソンにわたした。ディナーの後、クリックと一一歳のガブリエルがダンスをしている写真が撮られた。そして翌日、彼は暗号について講演した。

年が変わり、BBCは、分子を研究した五人の英雄について、「ザ・プライズウィナー」というテレビ番組を放送した。マウントバッテン卿による紹介だった。また雑誌『ザ・クイーン』でアンガス・ウィルソンは、クリックについて次のように論評した。

何かに取り憑かれたように話し、人なつこい天真爛漫さと活気にあふれ、アイディアがほとばしり出てくる親分の風刺画のようである。……間違った内股膏薬な考えや馬鹿げた提案も、また何時間も話を聞いて疲労困憊し、張りつめた空気の中で意見が一致しないことも、クリック博士のような人が自ら話すと、世紀の大革命的科学理論にまで引きあげられて、そこにかかわるすべてのことが最終的には無限に価値あるものになるという奇跡が立ち現れる。クリック博士のように実験に対していらだち、アイディアで興奮している人と、ウィルキンス博士のように生涯を実験に捧げ、無限の忍耐力と、何もしないでぶらぶら過ごすことへの愛情をもちあわせた人……なんと絶妙な組みあわせだろうか。

活気にあふれていようがなかろうが、クリックは、新たに広まった名声から想像されるような人物ではなかった。「クリック博士は、なんとかして避けることができる場合には、ご自身の写真を出すことを決して認めません」。一一月に秘書は続々届く手紙にこう返事をしている。クリックはこれだけはなんとか守ってきた。その後何年もの間、名誉賞や名誉学位の授与さえほとんど拒否した。「クリックは自分自身が歴史的人物として見られることにまったく興味はなく、名声のために生じる義務を嫌った」とワトソンは語っている。一九八〇年に国立肖像画美術館用に、ハワード・モーガンに描いてもらったものを除き、肖像画のために腰をおろすこともなかった。あるとき、「サー・フランシス・クリック」は「サー・フランシス・ドレイク」とよく似た響きなのでナイト爵の称号を受けてはどうかと誘われ、友人たちもそう勧めた。しかし、クリックはナイトを役に立たないまがい物であり、ほんとうによい研究費が必要な科学者を追い払うようなものだと結論した。彼一人だけではなかった。

ノーベル賞を受賞したケンブリッジの分子生物学者で、ナイトを拒否した人たちはたくさんいる。クリック、ペルーツ、ブレナー、サンガー、セザール・ミルスタイン、そしてロドニー・ポーター。逆に、ケンドリュー、クルーグ、ジョン・ウォーカー、そしてジョン・サルストンの四人がナイト爵の称号を受けた。一方ワトソンは、ヒトゲノム計画でイギリスの研究室が大きな役割を果たすことを見届けた後、二〇〇一年に名誉ナイト爵の称号を授与された。

一躍有名になったことに対処するために、クリックはアメリカの批評家エドマンド・ウィルソンのジョークを借りて、次の言葉を印刷したカードを作った。

F・H・C・クリック博士は、あなたのお手紙に感謝しますが、残念ながら、次のような招待は受けません。

サインを送ること
写真を提供すること
あなたの病気を治すこと
インタビューされること
ラジオで話をすること
テレビに出ること

晩餐の後に話すこと
証明書を出すこと
あなたの研究テーマを手伝うこと
あなたの原稿を読むこと
講演をすること
会議に出席すること
座長として行動すること
編集者になること
論文を寄稿すること
本を書くこと
名誉学位を受けること

（最後に「種畜場へ行け」と付け加えて返送してきた、大したひょうきん者もいた。）

クリックがおしゃべりなだけの能なしと考えられていた日々は、もう遠い思い出になった。一九六一年、レオ・シラード、サルバドール・ルリア、ジャック・モノー、そしてウォーレン・ウィーバーと一緒にジョナス・ソークに招かれ（ソークは最初のポリオワクチンを開発していた）、ソークが設立した新しい研究所で非居住者の外国人フェローになった。南カリフォルニア・ラホヤの、サンディエゴ市によって認められた土地にあり、ルイス・カーン設計の未来的な建物の中に、その研究所はあった。そのため毎年晩冬に、パリから始まり、その後カリフォルニアに行く旅行が必要になった。そして、案の定ジェイコブ・ブロノウスキーやレスリー・オーゲルを含む居住者のフェローとだけでなく、モノーとも熱心に、ひとしきりの議論をするようになった。

ノーベル賞の賞金一万七〇〇〇ドルで、クリックははじめてそこそこ裕福になった。レジャーにも、少しは時間がとれるようになった。一九六三年、クリックはついに車の運転を習った。廃止された飛行場で、オディールの小型自動車を使い、彼女から運転を教わった。一九六四年、彼は息子のマイケルからMGのスポーツカーを買った（もともとはマイケルが卒業したときの、叔母エセルから彼への贈り物だった）。ある日、クリックとオディールは、ケンブリッジの約二〇マイル東にあるケディントンのサフォーク村に、大きな庭つきのきれいな茅葺きコテージを見つける。売りに出した方がいいと農場主を説得し、これも購入。クリックは庭いじりを始め、ラッパスイセンやバラにのめりこんだ。また一九六四年秋には、全長四七フィートの、スパークマンアンドステファン製のヨット「キーウィ2」を、イタリア人科学者ジャンペロ・ディ・マヨルカと共同で買い、イタリア語しか話さない初老の独身ヨット乗りにナポリで保管してもらった。

一九六五年、オディールはカプリに別荘を借りる。そして、芸術家友だちのロドルフォ・デ・サンクティスに二人の娘の面倒をみてもらい、クリック夫妻はセーリングにも出かけた。しかしヨットの出費はとても重かった。ディ・マヨルカは気難しく、クリックはセーリングを長くは楽しめず、共同所有の「キーウィ2」は一年後に売られ、バーリに届けられたバートラム製のモーターボート「アイオブヘブン」にとってかわられた。

ケンブリッジで、オディールは、「ウォータービーチの大地主」として知られているジョン・ゲイヤー・アンダーソンという名の友だちと、個展を開いていた。彼はザ・フェンズ〔ケンブリッジ北部からリンカンシャー州ボストンあたりまで続く湿地帯〕にある、やたら広い家で、はちゃめちゃな一夫多妻の生活をしていた。そこには妻たちやガールフレンドや赤ん坊が出入りし、パーティーではまったく予想しないカップルができることもあった。有名なエジプト学者の息子であるゲイヤー・アンダーソンはパーティーが大好きだった。そして、ウォータービーチでの農村生活に飽きると、しょっちゅうゴールデンヘリックスでのパーティーを手伝った。彼の彫刻は性欲をかきたて、半ばポルノで、オディールの描く裸体画と比べても驚くほどあからさまだった。それでもクリックは彼と喜んでつきあい、彼の八ミリポルノ映画がパーティー中に投影されても動じなかった。芸術家を気取ったのか、クリックはこの頃写真にも手をつけ、オディールや、またときにはオペアにポーズをとらせた。一九六〇年代がやってきた。

一九六〇、七〇年代、クリック家での典型的なパーティーは理由も何も関係なく開かれ、ゴールデンヘリックスの四つの階のすべてが友人たちであふれ、蓄音機から音楽が流れ（マイク・オールドフィールドの「チューブラー・ベルズ」がお気に入りだった）、キッチンには飲み物が入ったパンチボウルがあり、何かが混ざった感じの不思議な匂いが漂っていた。フランシスとオディールははっきりした

「オープンマリッジ」ではなかったが、フランシスは手に負えない浮気者であり、オディールは少なくとも気にかけないようにしていた。彼は、パーティーで女性をこう口説いた。「私は君がとても幸せな結婚をしているのを知っているけど、誰でも少しは刺激が必要だよ」と。また、秘書には（彼女が結婚したばかりのタイミングで）こうも言って驚かせた。「男は、長い結婚生活の間には、ときとして密かに浮気をすることがあると思わなければならないよ」。しかし、とても心をこめて隠しだてなく恋愛を楽しんでいたので、相手を怒らせることもなく、たいていの人が彼に魅せられた。艶っぽいちょっかいは別として、彼のもとで働いた秘書たちは、上司として暖かく寛大な、思いやりのある人物と受け止めていた。

こうして一九六〇年代には気晴らしもあり、ノーベル賞にかこつけていくらでも尊大に振る舞える誘惑があったにもかかわらず、クリックは、常に研究に焦点をあわせ集中し続けていた。新しく大きな研究室で、全員がほかのメンバーの科学的な仕事についても理解するように管理した。そこにはイギリス各地や外国からの訪問者が定期的にやってきて、いつもセミナーを行っていった。そして「クリックの週」では、研究室のメンバーがそれぞれの研究結果について話をするセミナーがあった。クリックは神経を研ぎすませて最前列に座り、出席者を怖がらせ、たびたび話を途中で遮ったが、もちろん最後には発表者が話したことだけでなく、発表者が話すべきだったことや、報告が意味するすべてのことについて明快にまとめた。少なくとも、発表者の一人は質問攻めで泣かされた。質問をした人でさえ、時折訂正された。「君がするべき質問は……、そして、答えは……」。グラエム・ミッチソンは、結果としてそのセミナーはぞっとするような厳しい試練であったと同時に、素晴らしい、観客動員力のあるスポーツでもあったと回顧している。

クリックは、まだ暗号に心を奪われていた。一九六一年の興奮の後、しばらく休止期間があった。人工RNAの正確な塩基配列がわからず、ニーレンバーグの無細胞実験系ではUUUのような単純な配列でしか明確な結果を出せない。新しい方法が必要だった。クリックの主な仕事は、実験者のボスを刺激し、お互いのアイディアを試し、例外を説明するように助言することだった。一九六四年、ニーレンバーグとフィリップ・レダーが、アミノ酸が結合した適切な転移RNAがあればリボソームは単純な三連文字のRNAに付着することを見つけたときに、ブレイクスルーは起きた。さらに、ウィスコンシン州マディソンのゴビンド・コラーナは、交互の塩基（たとえばUCUCUC）をもつメッセンジャーを合成する方法を編みだした。オレゴン大学のジョージ・ストレイジンガーは、ファージのタンパク質の位相シフト変異体の効果を解析して、ニーレンバーグを支持するような結果を出した。スタンフォードのチャールズ・ヤノフスキーは、バクテリアでタンパク質が作られる向きを発見した。幸運にもDNAの向きと同じだった。そして、一つのバクテリアのタンパク質中の一文字の変異は、ニーレンバーグが予言したのと同じアミノ酸の変化を与えていることを見つけた。

一九六五年一月、クリックはアメリカに到着した。だが、ニューヨークのホテルで、ジム・ワトソンとサルバドール・ダリ、そして（ワトソンが手紙に書いているように）「世界で最も美しい少女」（ミア・ファァローだった）と一緒の昼食には、わずかの差で間にあわなかった。クリックは「六四の三連文字の多くに対する暫定的割り当て」をもってやってきた。ソーク研究所に向かう途中、アメリカ中を旅しながら、さまざまな種類の証拠のつながりを見て、表の空欄をいくつか埋めた。ソーク研究所では、ラホヤの海岸に近い家を借りた。ある日、オディールに電話をして、セーリングに招待されているのでサンドウィッチを作ってくれと頼んだことがあった。凍ったパンを太陽の下で解凍しようと、オディールは中庭へと踏みだしたが、手前にあったガラスのドアに気づかず、衝突してしまった。直後にフランシスが帰宅すると、下着姿の彼女の腕と足は血だらけになっていた。救急車を呼び、オディールはすぐに担架に乗せられてスクリプス病院に担ぎこまれた。一〇〇針も縫う大けがだった。その後、クリック夫妻はそのガラスのドアを蝶の画像で飾るようにした。

オディールの回復後、二人はケンブリッジに戻り、クリックは再びニーレンバーグ、コラーナ、ストレイジンガー、そしてヤノフスキーが紡いだ糸をたぐり寄せて、暗号解読に取りくんだ。四月二日、三連文字の最初の文字を横列に、二文字めを縦列に、そして三文字めをそれぞれの横列の中にあるさらに小さな横列として示す、いまや古典となった暗号表をクリックははじめて描きあげる。どの枠にも、アミノ酸の名前が書かれていた。その表は、二重らせんと同じく偶像的な存在になった。しかし、まだ一四の空欄があった。クリックは表をワトソンとニーレンバーグに送り、自分たちが「遺伝暗号の現状についての声明」を出すべきだと提案した。彼はこう続けた。

ご存知のように、私はこの問題に夢中になっていますが、制作者というよりは、むしろ情報の照合者としてです。私は常に、暗号表の案を、興味をもつ人たちに示し続けなければなりません。……今年のゴードン会議は暗号の最終版ではなくても、ベスト版を提出する理想的な機会です。……一人の人間では、暗号を解読するのに十分なデータを揃えられませんが、すべての情報を集めれば、私たちはすでにほとんどの暗号を明らかに解読しているはずです。

ニーレンバーグは返信した。「あなたが書いたらどうですか?」。

ケンブリッジで、クリックの同僚は興奮するような発見をしていた。一九六三年に、マーク・ブレッチャーは、伸長するアミノ酸の配列は、メッセンジャーがAとUの混合物でなければ、最後の転移RNAに結合したままであることを理解していた。言いかえれば、「メッセージの終わり」を指定する特別な三連文字がなければならず、そこにはAとUの混ざったものがなければならなかった。その頃ブレナーは〔発見者名「バーンスタイン（Bernstein）」の英語訳である〕「アンバー」と呼ばれる変異体のファージで、遺伝学的に同じ現象を再発見していた。そのタンパク質のアミノ酸を解析すると、アンバー変異体は普通UAGという三連文字から一文字離れたコドンの位置で、常に短いタンパク質を作りだしていた。それゆえアンバー変異体はUAGという三連文字を含まねばならず、それは「メッセージの終わり」を意味するという仮説を生みだした。「オーカー」と呼ばれる同様の変異体はUAAであることがわかった。これら二つは「終止」コドンでなければならない〔「開始」コドンは、後にメチオニンのコドンであることがわかった。すべてのタンパク質はメチオニンで始まるが、使われる前にしばしば外れてしまう)。

クリックは、暗号におもしろいパターンを見つけはじめていた。三連文字の三文字めは、普通は何でもよかったのだ。たとえば、Xを四塩基のどれでもよいとして、CUXはロイシンを、ACXはトレオニンを、そしてGGXはグリシンを意味した。クリックは、それぞれのコドンの最初の二塩基は、転移RNAの相手方と典型的な水素結合を形成するが、三文字めの塩基は「ゆらぎ」を可能にするような緩い結合をするという議論で、この現象を説明しようとした。ロバート・ホーリーは、ちょうど、転移RNAの配列をはじめて解明したところだった。アンチコドンと思われる三連文字が含まれ、そのうちコドンの三文字めの反対側に対応する部分にはイノシン塩基があった。これはアデニンからアミノ基がとれた形態をしているので、ほかのどの塩基とも対合することができる。ホーリーはこれを発見して驚いた。クリックは、三文字めの塩基が柔軟になるように(ゆらぐように)作られているかもしれないというさらなる証拠として、この事実に飛びついた。これで、一つの転移RNAが二つ以上のコドンに適合することができ、異なったコドンで同じアミノ酸を表せた(バクテリアでは約四〇種類の転移RNAがゆらぎのおかげで六一のコドンに対応している)。一九六五年の半ばまでに、クリックの「ゆらぎ」仮説は草稿の形でその分野の専門家の間に広まった。独特の文体で、「私には、理論よりもむしろ、予備的な証拠の方が好ましく思える。私は、それが証明されても驚かないだろう」と結論づけている。遺伝学の歴史家の中には、ゆらぎについての洞察こそクリックが天才であることの最初の証拠であるという者もいた。決してわかりにくい話ではなかった。しかし、その分野の研究をする多くの人の中で、クリックが最初に見つけたのだ。

かつて二重らせんのときもそうだったように、暗号について研究をする研究室の間で、ピリピリした競争が繰りひろげられていた。マーシャル・ニーレンバーグは、ハインリッヒ・マッタイと仲違いしていたが、すぐにゴビンド・コラーナとも関係が途絶した。クリックは浅はかにもその状況の真っ只中に踏みいった。一九六六年の四月遅く、ニーレンバーグが三連文字への結合の結果についての論文を、『米国科学アカデミー紀要（PNAS）』に静かに「こっそり出した」ことを非難し、コラーナの方が先であると主張した。クリックは次のように書いた。

私は、不幸にも、昔、このような不愉快なことに巻きこまれてきました［彼はDNAよりもコラーゲンについて言及していた］。人は、自分の行動がほかの人たちにどのように見えるかについて、いつもわかっているわけではありません。どちらが先かが問題となったときに、判断間違いをする可能性があるのです。そういう状況に直面しながらもし謝らないのであれば、あなたは、ゴビンドと私に説明をしなければならないのではないでしょうか。

ニーレンバーグは非難を爆発させて、ずっと前に結果は出していたが、論文を書きあげるまで手が回らなかったのだと主張した。クリックが言う、どちらが先かを求めることへの非難に対して、ニーレンバーグは「まったく、絶対に間違っている。すべての点で間違っている。そして、徹底して不当なものである」と語った。クリックは引き際に、捨て台詞を残した。

リラックス！　リラックス！　私はあなたが巧妙にこそこそと行動したとほんとうに信じているわけではありませんが、部外者にどのように映るかを指摘しなければなりません。……正しかろうが間違っていようが、あなたのPNASの論文が出たときに、ゴビンドが動転したことを理解すべきです。……すでに完了した仕事を論文に書きあげる際の、あなたの問題について、ほんとうに同情しています。シドニーと私もしばしば同じ問題に直面します。長い目で見れば、物事をすぐに書きあげてしまう方が損にならないと私は思います。

一九六六年のはじめまでに、一つを除いてすべてのコドンが解読された。例外はUGAだった。五月五日に、クリックは、王立協会のクルーニアン講演で暗号解読のすべての段階を提示し、手に負えないUGAの割り当てを除いた最終的なチャートを勝ち誇った態度で発表した。クルーニアン講演に出席した人は、歴史が作られたという感覚をもち帰っていった。クリックは一か月後、コールドスプリングハーバーに行った。そこでも祝福と勝利の雰囲気は続いた。「遺伝暗号、昨日、今日、そして明日」という素晴らしい話でシンポジウムの口火を切り、「二つの大きなポリマー言語のつながり」についての偉大な成果を声高に語り、最初の頃に彼を疑ったすべての人たちへ一撃を加えて話を終えた。「今後、懐疑主義者は、この分子生物学の根本的な仮定を受け入れずにはいられないだろう」。シ

1文字目 ＼ 2文字目	U	C	A	G	3文字目
U	フェニルアラニン	セリン	チロシン	システイン	U
					C
	ロイシン		終止	終止	A
			終止	トリプトファン	G
C	ロイシン	プロリン	ヒスチジン	アルギニン	U
					C
			グルタミン		A
					G
A	イソロイシン	トレオニン	アスパラギン	セリン	U
					C
			リシン	アルギニン	A
	*メチオニン				G
G	バリン	アラニン	アスパラギン酸	グリシン	U
					C
			グルタミン酸		A
					G

*AUGは開始コドンとしても機能する。

1966年にフランシス・クリックによって描かれた遺伝暗号表

ンポジウムの最終日がクリック五〇歳の誕生日と重なっていたので、ワトソンとハーバードの研究者であるボブ・サッチは、レヴィットタウンのイベント会社エンターテインメントアンリミテッドに車で行き、所属モデル写真から「フィフィ」を選んだ。パーティーのクライマックスで、ブラックフォードホールのバルコニーのバースデーケーキから飛びでてきた女の子だ。見ていた人が証言している。クリックは「別のモデルから挑まれて」、珍しく大喜びした。

　すべての生物学の中心に単純な暗号が存在する可能性は、二重らせんの構造に裏打ちされて、いまや確立された事実であった。小さな暗号表が生命の秘密だった。あるいはUGAがわかればそうなるであろう。一〇月遅く、ついに実現した。最初の二つの終止コドンを解明したブレナーの研究室では、さらに変異を施しても、どれにも逆戻りしないいくつかの不可解なファージの致死変異体をも見つけていた。ある日、レスリー・バーネットが「オパール」と呼ばれる一つの変異体を再度テストし、GをAに変える突然変異原〔突然変異を引き起こす作用をもつ物質〕で変異を施すと、「オーカー」に戻ることを発見したのだ。オーカーはUAAだったので、これはオパールがUGAであることを意味した〔UAGは致死変異ではないので、オパールはUAGではありえなかった〕。さらなる実験によって、UGAが三番めの終止コドンであることがたしかめられる。そして、生命のジグソーパズルの最後のピースをはめこんだのは、もの静かな実験助手のバーネットだった。クリックは、この発見に関して実際は何もしなかったが、彼の名前も共著者として論文に掲載された。なぜと尋ねると、ブレナーは「しつこくガミガミ言ったから」と答えた。

このときは一三年前とはちがい、「ユーレカ・モーメント」はなかった。どこかのチームがほかのチームに勝利したということもなかった。ただ、五年にわたる厳しい協力的な研究が行われ、その後の八年にわたる挫折を伴った推論の仕事が完結されたのだった。その結果は、二重らせんと同様に、多くの点でとてつもなく大きな偉業だった。この物語を通して、もしニーレンバーグが最も有力な実験家だったとするなら、クリックが最も有力な理論家だった。ジャドソンが書いているように、「脳、機知、個性の活力、声の強さ、知的な魅力とあざけり、たくさんの旅、そして絶え間のない手紙によって、クリックはほかの生物学者たちの研究を調整し、彼らの思考を訓練し、争いを仲裁し、結果を伝達し、説明した」。遺伝暗号の勝利は、理論でなく実験によってもたらされたと最初に認めた人物がクリックだった。ガモフに始まり、コンマなし暗号に続いたすべての推論は無益で、ほとんどものにならなかった。クリックは、これまで以上に、科学において理論は実験の下僕でなければならないことを確信した。

第10章

決しておとなしくしていない

一九六六年二月、クリックは、シアトルのワシントン大学から連続講演に招待され、その年遅く、最初の本が出版された。タイトルは「生気論は死んだか?」にしたかったが、アメリカには生気論を知っている人はいないという出版社の意向で、最終的にジョン・スタインベック〔クリックと同じ一九六二年のノーベル文学賞受賞者〕をまねて、『分子と人間』〔邦訳みすず書房〕に落ちついた。クリックは講演で、「遺伝暗号は、生命を説明するには力学や化学以外の何かが必要だというすべての思いこみを葬り去った」とはっきり言葉にした。ダルトン、ウェーラー、そしてメンデルの偉業を振り捨て、いつの世代でも生気論者は神秘主義的な、単純化できない何かが生物の中心に存在すると新たな主張を続けていた。アンリ・ベルクソンのエラン・ヴィタールは最も有名な説だった。一九五八年になっても、高名な物理学者であったメリーランド大学のウォルター・エルサッサーさえ、精子や卵子の中には体を作るための十分な情報を入れておく空間がなく、それゆえ化学を超えた何か(「バイオトニック」な何か)が必要であるという、彼自身の計算に基づいた本を書いていた。

クリックの目的は、そんな馬鹿げた発想をつぶすことだった。遺伝子の機構を化学と物理の観点から記述し、二〇年前に彼自身が抱いた疑問にこう答えを出した。「生物と無生物の境界は、われわれが観察するものを物理と化学の観点から説明する際に、あまり重大な困難を引き起こさない」。生気論者がただ単に、生命の起源や人間の意識には何か特別なものがあるはずだという思い自体を拠りどころにしているにすぎないとクリックにはわかっていた。生気論にまつわる問題が次のターゲットになる一つの理由は、ここにあった。クリックは本の最後の行にこう書いている。「生気論者であるかもしれないあなた方に、私は予言しよう。誰もが昨日信じていたこと、そしてあなたが今日信じていることを、明日も信じているのは変人だけだろう」。

本は好評だった。「物理学者の中に生気論者が生まれていることを廃しようとするクリックの勇気と率直さを賞賛する」とアーサー・コーンバーグは書いた。「本書からえられるものは衝撃的である」。クリックは、やがていつの日か、生物学者が意識も化学や物理の普通の法則によって説明されると確信するようになると思った。だが、老練なイギリスの遺伝学者コンラッド・ワディントンからは非難を受けた。クリックは返答する。「私は、脳の特定部位の神経インパルスのパターンを記述でき、あるパターンがある思考と関連していることを詳細に示すことができれば、意識や自覚は神秘的ではなくなると思います」。これは、彼が後に『驚異の仮説』〔邦訳『DNAに魂はあるか』講談社〕という本の最初に書いたことである。

三月にクリックがシアトルから戻ってきたとき、オディールは髄膜瘤の手術を受けた。しかし重大な合併症を引き起こしてしまった。続けて肺塞栓症になり、オディールは入院した。その後四月はじめまでの数週間は、療養施設で過ごした。三月八日、クリックのただ一人の兄弟トニーが四七歳で亡くなる。トニー・クリックは医業の国有化を嫌い、一九四八年にニュージーランドに移住していた。ミドルセックス病院で放射線医師としての訓練を終える前に、軍の医療従事者として北アフリカ、イタリア、そしてギリシャで戦闘に加わった。「プリンセス・ペルセポネー」という自前のヨットをもち、オークランドでは医学界のみならず、ニュージーランド王立ヨット隊でも有名人になった。同僚は、「長身の彼が現れると、臨床の会議は刺激され、論理的でない者たちは慌てて隠れようとした」と書いている。存在感があり、問題の核心にまっすぐ飛びこみ、笑いの才をもつ。トニーは少なからず、兄と似ていた。だがフランシスとは何年も会っていなかった。

たった一人の弟を失った悲しみは別として、クリック家の男性が短命であることにいやおうなく直面させられた。父方の祖父は四七歳、父は六〇歳、そして弟も四七歳で亡くなった。一九六六年にクリックがジム・ワトソンと最も激しい議論をしたのは、おそらく、差し迫った死すべき運命という観念が生涯において頂点に達した頃だったからだろう。一九六二年になると、ワトソンは二重らせんの発見を本に書きはじめていた。その夏、ウッズホールで執筆を開始し、書きだしのできばえにかなり満足していた。「私はフランシスがおとなしくしているのを見たことがない」。だが、この執筆は脇に置き、高く賞賛されることになる分子生物学の教科書の草稿を先に書く。一九六五年、ケンブリッジでの研究休暇のときに、二重らせんについての本を思いだした。小説家のナオミ・ミッチソン（ワトソンは西スコットランド・キンタイヤ半島のカラデールにある彼女の家に滞在した）に、できるだけズバッとストーリーを語るように励まされ、一気に原稿を書きあげた。『正直ジム』というタイトルで、無邪気なまでに率直に、一九五一年から一九五三年のできごとを記述し、世間知らずのアメリカ中西部育ちの純真な目を通して、惜しげもなく主要な人物、とくに著者自身を描写していた。ジョセフ・コンラッドの『ロード・ジム』〔邦訳講談社〕のまねもしたが、キングスレイ・エイミスの『ラッキー・ジム』〔邦訳三笠書房〕の影響の方が大きかった。エイミスの本同様、ワトソンはジムを失敗しながらもなんとか勝利にたどりつくように描く。もっとも、ワトソンは女の子とはつきあえなかったけれども。ワトソンの「ノンフィクション小説」のようなものは、過去になかった。それまで科学読み物は、通常、欠点のある人間が誤りを撒き散らしながら競争したとは描かず、むしろ、ヒーローが真理を目指して堂々と前進し、発見にいたった様子ばかりを描いていた。

ワトソンは原稿を一九六五年一一月にクリックへ送った。その冬、クリックは暗号の解読で忙しくしていた。加えて原稿で目にしたところが気に入らなかったので、三月にワトソンから再度急かされるまで読まなかった。ようやく、ワトソンに訂正箇所と批判箇所の一覧表を送った。たとえばこんな指摘だ。「君は、キーズの連中が、私の笑い声のために、一緒の時間を楽しめなかったと言うのですか。キーズでの最初の頃、私はネズミのように静かだったので、君が書いた文章に根拠があるとは思えません」。この時点でクリックは、執筆計画全体に否定的ではなかった。いらいらしていたものの、彼の調子は穏やかだった。

君は、ある意味で、物事を正しくとらえています。しかし……もし注意深く見れば、事実が歪められています。……君の原稿自体はよい物語でしょう。とくに、君がそのときに取りかかっていたことをかなり生き生きと描いています。でも、私としては、そこにわれわれの仕事から引きだされうる知的な結論がないことを残念に思います。

クリックは、自分自身が二重らせんの講演を二つ行ったことを認めたが、「それほど多くのゴシップ」は含まれていないと思った。

クリックはそれから地中海に向けて出発した。英国海軍の帽子をかぶっていても、エンジンのことはほとんど何もわかっていない。オディールとともに新しいモーターボートに乗り、バーリからアドリア海を横切り、コリントス運河を通ってスペッツァイ島まで行った。そこで、マリアンヌ・グルンベルグ＝マナゴが始めた分子細胞生物学の科学サマースクールに加わることになっていた。一九六七年四月に戻る予定で、ピレウスでボートを離れ、サモスでモノーに会おうとした。しかし、ギリシャ政府が軍のクーデターによって倒され、計画を諦めた。

ワトソンの第二稿が、今度は『塩基対』というタイトルで、九月にクリックのもとに届いた。そこでワトソンはタイトルについての長広舌をふるった。「私は、自分が塩基と記述されるべき理由がわかりません」とクリック。反対まではしなかった。ところが一週間も経たずクリックは再びワトソンに手紙を書き、出版を望まないと伝えた。ワトソンの原稿は「学術的でも記録的でもなく」、一面的で世間知らずであり、共同研究者にとって危険な先例となろう。突然の心変わりを書きながら、クリックは付け加えた。「私はいつも、君が書いたこと全部がよくないとはっきり伝えてきました。それで君の前の原稿を読むことを拒否しました」。だが、その週の二通の手紙で、ほんとうに変化したのは何だったのか？　その答えは、クリックがモーリス・ウィルキンスに会いに行き、本について話しあったことだった。二人ともワトソンの原稿に対して怒りを爆発させた。二人の弁護士がハーバードの学長ネイサン・ピューシーに手紙を書き、もしハーバード大学出版局が出版したら法的な行動に出ると脅した。

ワトソンはクリックに返事を書いた。

自分の本が、あなたをいささかでも中傷するとは思いません。あなたの研究を書くのなら、決して避けることができない強烈な個性を、あなたはもっています。ケンブリッジでのはじめの頃、あなたが能力と洞察力に欠け、べらべらしゃべると思う人たちがいました。しかし彼らは皆間違っていました。あなたが驚くべき生産的な仕事をしてきたにもかかわらず、皆から支持されたわけではなかったと言ったところで、どんな害になるでしょうか。

ローレンス・ブラッグはクリック以上に、自分自身の描写を嫌っていたかもしれなかった。だが、ワトソンは、狡猾にもブラッグに序文を頼んだ。これでクリックとウィルキンスが、ワトソンに出版しないように求める際にブラッグには頼れなくなった。ブラッグは父親の影から抜けだす苦闘に長い間直面しており、そのためかワトソンがクリックの影とみなされていることから抜けだすのを助けようとした。ワトソンは、本は生意気だけれども、「アメリカからやってきた一人の若者に、ヨーロッパが素晴らしい印象を与えたということの見本である」と説得して、ブラッグの「怒りを取り除いた」。ブラッグはクリックに手紙を書き、このことを伝えた。クリックは辛辣に、ワトソンがヨーロッパの印象を書くことには反対はしないと返答した。一九五四年にワトソンがクリックのラジオ出演に反対したとき、ブラッグはクリックに、ワトソンの承諾なしに出演しないように言っていた。ブラッグはそのときのことを思いだした。おそらくそれゆえにブラッグは、クリックの承諾なしにワトソンが本を出すべきではないということには同意したのだろう。

クリックは、その頃はもうあらゆることに激怒していた。冬の間中、手紙のやりとりがあった。一九六七年四月、ワトソンのさらなる改訂原稿が（再び『正直ジム』というタイトルで）やってきたときには、クリックは穏やかさとはほど遠い状態だった。はっきりいって憤激していた。六ページにわたる手紙は、ハーバードの学長にもコピーが送られた。原稿のどこよりも手紙の方がずっと中傷的だとワトソンは思った。

君がその本を歴史とみなし続けても、私は、その内容をほとんど信用できません。物事を、世間知らずに自己中心的に見ているとも言えます。君と君の反応にかかわる部分は歴史的真実なのでしょうが、そのほかは重要ではないと思います。とくに、科学の発見の歴史は、噂話として書かれています。あのときの私たちにとって中心的で重要なものや、知的な内容は無視されているか、あるいは省略されています。君の歴史観は低級な婦人雑誌のようです。

君の絵画コレクションを見たある精神科医は〔ワトソンは熱心な美術収集家だった〕、これは女性を憎む男によってしかなされないものだと言いました。同じように、別の精神科医は、『正直ジム』を読み、最も強く現れているのは妹に対する君の愛情だと言いました。君がケンブリッジで研究しているときに友だちともそう話していたのですが、これまで書くことは控えてきたことです。……

要するに私は、私のプライバシーをひどく害する本が広く流布されることに反対していて、いまだに、そんな友情侵害への申し開きすら耳にしていません。私の意見を無視して、今、君がその本を出版するなら、歴史が君を非難するでしょう。

クリックがそんなにも嫌っていたのは何か？　ワトソンによる描写がほんとうにクリックを傷つけたとは信じがたい。結局、決して「おとなしくしていない」というあざけりや、また、たくさんの馬鹿にした挿話にもかかわらず、クリックがヒーロー〔語り手の賞賛と妬みを受け、最終的にノーベル賞をつかんだ、まだ価値を認められていない天才〕だった。きれいな女性との火遊びをほのめかすところは、オディールをいらつかせたかもしれない。しかし『フーズ・フー』〔米国の紳士録〕でも、クリックは自分の気晴らしを「会話、とくにきれいな女性との」と記載していたくらいで、オディールにとってはニュースにもならない。ワトソンが、クリックを共著者とせずにこの本を書くことを選んだという事実が心のわだかまりになったかもしれないが、それも大したことではなかった。クリックは、自分とワトソンが十分な謝辞なしに、フランクリンのデータを使用したという罪の意識も感じていなかった。ちなみに、この件はワトソンにとってはいつも大きな気がかりであった（『正直ジム』という表現は、キングスカレッジのウィリー・シーズという研究者から生まれた。彼は一九五五年に、ワトソンとアルプスでばったり出会い、山を降りる前に強い皮肉をこめて「正直ジム、調子はどうだい？」と尋ねた）。ワトソンの本には、罪の告白という要素が含まれていた。最初は「ある罪の記録」という題で、『ニューヨーカー』に前後編の記事として出版することを考えていた。だが、クリックはキングスカレッジに対してもまったく気まずさを感じていなかった。誰がそれをしたのかではなく、発見そのものが重要だった。科学的な結果は個人の財産ではなかった。

『正直ジム』でクリックがほんとうに気にしたのは、彼も言っているように、彼らの偉業が安っぽくなってしまうことだったというのは大いにありうる。茶目っ気にあふれているように見えるが、クリックはひたすら真面目な人間だった。一九四〇年代、クライゼルとともに、機知に富んだ話自体には背を向けていた。自分自身を一生懸命働いて、偉大な真理を献身的に探求する者ととらえた。何時間も文献を読み、計算し、直感で大きな発見に到達できる者だった。しかし、やがて世界は、ちょうど別のメロドラマだったかのように、その探求を知るだろう。「まるで誰にでもなしとげられるように響いた」とクリックは、何年か後に、BBCラジオ第三での生放送でワトソンに対する不平を語っている。ワトソンの本は、科学はパーティーとテニスの試合の合間に行われるゲームかのような印象を与えた。クリックのコメントに対しては、反動的な意見もあった。クリックは学究的で敬虔な記述を見たかったのだ。ワトソンは一九六〇年代の不遜な小説をありのままに書きたかったのだ。クリックの後の発言をみれば、この差異はよくわかる。「ワトソンの主たる目的は、科学者も人間であると示すことだった。当時、その事実は、科学者自身の間にかぎられ、市井の人びとには知られていなかった」。

一九六七年春、対立が進むにつれてワトソンは味方を増やしたが、クリックはますます孤立していった。ペルーツやライナス・ポーリングらたくさんの人がワトソンの本を嫌ったが、ウィルキンスだけはクリックに対していわば人間の盾となった。ウィルキンスは何もせずに、ただクリックにその対立をさせたままにしておいたのだ。ブラッグは序文を書きかえたが撤回はしなかった。さらに各草稿段階で微修正を施しただけで、ワトソンはほとんど内容を削らず、一九五二年夏にアルプスに行った冒険の章を省いたにすぎなかった。文学的な観点からは、疑う余地のない大成功を勝ちとることになった。あきれるほど正直に、強烈な登場人物の生活が描かれ、劇的な結末が築きあげられていく、わくわくさせるような筋立てを有していた。『ネイチャー』編集長のジョン・マドックスは、「関係者の相互作用が、重要なできごとのなりゆきに影響を及ぼしかねない、価値のある、感受性の鋭い文章」と言明し、「それもまたおもしろいだろう」という考えのもと、クリックかウィルキンスに書評を依頼すると約束した。J・D・バナールは出版をやめさせることはできないと語り、強烈に皮肉って「偉大な科学的発見の愚かさに関する醜い暴露」と記した。

クリックはかたくなに抵抗し続けた。ハーバードは「科学者間の国際的な論争」に巻きこまれないよう、六月に学長ネイサン・ピューシーがハーバード大学出版局に出版を進めてはならないと指示した。このときクリックは勝ったように見えた。出版社の編集者であるジョイス・レボヴィッツは、ワトソンへの手紙でこの「哀れな決定」に遺憾の意を表し、その夏、コールドスプリングハーバーで「フランシス・クリックを氷のように冷たく無視する」ことを提案し、加えて「もし最悪の事態がほんとうに最悪になったら、私にかわって、クリックにこの本をわたしてください」と書いた。しかし、その本（今では『二重らせん』と呼ばれている）を出版禁止にするどころか、ピューシーは出版許可の最終決定を下した。ワトソンはすぐに、新しく設立されたアセニアムという民間の出版社に出向いた。アセニアムは、本の内容が名誉毀損にあたるかどうかについて、法的な助言を求めていた（弁護士たちは、ワトソンに最初の文を「私はフランシス・クリックがおとなしくしているのを見たことを思いだせない」と変えさせようとした。結局修正しなかったが、彼らによれば大部分は名誉毀損ではなかった）。本は一九六八年二月に出版された。たしかに科学の人間的側面を暴露する点において衝撃を与えたが、批評家の絶賛と商業的な成功ももたらした。文芸誌『ニューヨークレヴューオブブックス』で、ピーター・メダワーはすぐさま古典と呼んだ。そして、ありのままの率直さゆえにワトソンは許されるだろうということを、敏感に察知していた。なぜなら「彼は、他人の欠点よりも、はるかに問題となる自分の欠点を書いている」からである。『二重らせん』はミリオンセラーになった。
ワトソン本の成功は、徐々に、クリックの不満を浸食していった。ブレナーと一緒に、しばらくの間、部屋中で硬貨投げをして、クリックの復讐を描く本につける題名を決めた。『緩いねじ』『千人のジムより輝かしい』『じゃじゃ馬博士』。冒頭には「ジムは手先が不器用だった。彼がみかんの皮を剝くのを見さえすれば、そのことがよくわかる」と書いた。だが彼の心はそこに留まることはなかった。長い間、恨みを抱き続けられる人間では決してない。ワトソンもそうだった。一九六九年夏までには、ワトソンと新妻のエリザベスが、ゴールデンヘリックスのクリック夫妻宅に滞在するようになっていた。そして三年後の一九七二年八月、ワトソンとクリックは、イーグルを含むケンブリッジの古い根城を再度訪れながら、ＢＢＣのテレビ番組を協力して作った。クリックは、『二重らせん』の長所も認めた。

私は今、推理小説のような本を書くだけでなく（何人かの人が、私には書けないと言いました）、驚くほど多くの科学的な内容をその中になんとか入れこむジムが、いかに巧みな書き手であるかがよくわかります。

この何年かにクリックの乱暴な言葉の一面を経験した古い友人は、ワトソンだけではなかった。クリックのかつての同僚だったジェリー・ドナヒューは、その頃、二重らせんが正しいことを疑っていた。クリックと、結晶学について喧嘩まじりのやりあいを繰りかえし、ついにクリックはこう返した。「君がまだ、らせん回折理論の十分な理解にいたっていないことを、私自身が立証できて満足している」。一九七四年にはアレックス・リッチが、転移RNAの構造に関する盗用について、辛辣な非難を受けた。こんなパンチで始まる。「君の名前からは、ほんとうに実に嫌な悪臭が漂っている。アーロン[・クルーグ]は、君がうまく騙して、彼の構造の詳細を盗みだし、君自身の構造として発表したことを確信した。これはほんとうに実際に起こったことである」。六か月後、何度も長い手紙のやりとりを経て、やっとクリックは盗用の非難を取りさげ、手紙の行き来は次第に終わった。リッチもクルーグも、二人ともとても辛かった。

当時クリックは五〇代だったが、頭の中は一九六〇年代後半の精神そのものだった。もみあげを蓄え、幅広い襟とけばけばしい柄のシャツを身につけた。一九六七年、ソーマと呼ばれる非公式組織の評議会に加わり、麻薬合法化運動を起こし、ポール・マッカートニーやグレアム・グリーンを含む六四名のメンバーとともに、大麻所持で有罪になった人の罪を軽減することに賛成する『タイムズ』(ロンドン版)の全面広告に署名する。クリックはたしかにマリファナとLSDを時折使った。ヘンリー・バークレイ・トッドから一九六七年頃にLSDを教えられたが、そのトッドとは、オディールのモデルの一人であるルース・シーンを通して知りあった。ある週末、ケディントンで、トッドからスイス産のLSDをもらうと、クリックは効果に魅了された。よく知っているものが何のためにあるのか非常に混乱したり、時間の経過が変わるように思えたりもした。さらに何度かLSDに手を出したが、その後広まった噂とは逆に、いかなる麻薬製造や売買とも一切かかわりあいをもたなかった。

ＬＳＤが一九六六年に違法となった後、トッドは一九七七年に逮捕され、一三年間の投獄を宣告されるまで、二つの秘密化学研究所からＬＳＤを売買し、富を築いていた。トッドへの主たる供給元であったディック・ケンプは後に（クリックが亡くなった後、イギリスの新聞に記事を書いたジャーナリストと話した友人に）こう主張した。「クリックはかつて、二重らせんを発見したときに、自分はＬＳＤを吸っていたと語っていた」と。真実のはずはなかったが、それは単にこの二人を介した情報だったからではない。その麻薬は一九五三年にはほとんど手に入れられなかったのだ。トッドがクリックに最初に麻薬をわたした人物であるのは確実だった。トッドもオディールも、クリックがケンプに会ったかどうかは思いだせなかった。それでも大変な騒ぎになった一九七七年の「オペレーション・ジュリー」〔二つの麻薬組織によるＬＳＤ製造に対し、一九七〇年代半ばに英国警察が行った捜査〕で、トッドとケンプと彼らの関係者が逮捕されたことは、クリックにとって気分のよくない瞬間ではあった。クリックはすでにアメリカに住んでいた。記者たちからの質問には一切答えなかった。

麻薬に対するクリックの自由主義的な見解は、ほかの問題には影響しなかった。一九六六年、友人ノエル・アンナンはケンブリッジを去り、ロンドンのユニバーシティカレッジの学長の地位についた。アンナンはクリックに名誉学位を与えようとしたが、クリックは母校の名誉学位さえ受けようとはしなかった。そのかわりにアンナンはクリックを説き伏せて、一九六八年一〇月二一日、リックマン・ゴッドリー講演をやらせた。クリックが唯一行った公の政策論争の試みだったが、うまくはいかなかった。アンナンと聴衆は、彼の考え方に非常に衝撃を受けた。

講演録は残っていないが、クリックの記録は残っている。もしそれが正しければ、彼の話は、人口、安楽死、麻薬の法律、そしてもちろん宗教にまで及んだ。一九六〇年代後半にはかなり典型的な話題だった。だが、一九六〇年代に集団的な強制をどの程度なら人びとは容認できるのかを思い浮かべることは、新しい世代にとっては衝撃だった。ちょうどポール・エーリックの『人口爆弾』〔邦訳河出書房新社〕という本が出たところだった。世界の終末を思わせる厭世的な論調が絶賛を浴びていた。クリックの講演にも、似たようなトーンがあった。「人には好きなだけの数の子どもをもつ権利があるのか？　その答えはノーでなければならない。ではわれわれはどう決断すべきか？　サリドマイド症の赤ん坊を生かしておくべきか？　……どのような奇形は生かしておくべきなのか、そして、誰がそれを決めるべきなのか？〔量は十分にあるので、質を向上させたらよいではないか？〕」。こうした話は、目新しくも自然に起こったものでもなかった。一九六三年に行われたチバ財団の「人間とその未来」という会議で、ジェイコブ・ブロノウスキーとピーター・メダワーに対して、クリックは「人が子どもをもつ権利を有するべきであるということが理解できないし、遺伝学的によく適合していない人の間に、子どもを生むのをやめさせようとするためには、子どもを認可制にし、課税するという形態がすぐに必要になるだろう」と話した。

リックマン・ゴッドリー講演で、クリックは死の問題について、まったく偽りなく、こう述べた。

いつ、人は死ぬことを許されるべきなのでしょうか？　……私たちは、すべての人間の命を神聖なものとみなし続けることはできません。……赤ん坊は、たとえば、生後二日を迎えたときにだけ、合法的に生まれたものとされるべきなのでしょうか？　すなわち、社会による受け入れテストに合格しなければならないのでしょうか（私たちはこれを自動車に対して行っているのに、なぜ人には行わないのでしょうか）？　私たちは、たとえば八〇歳か八五歳になったら、（合法的な成人のように）「合法的な死」を迎えるべきなのでしょうか？　そのときには死ななければならないという意味ではありません！　単に、信頼できる高価な医学的治療を、あなたはもはや受けることができないという意味です。

宗教に関しては、記録にこう書かれていた。「キリスト教は、内々で同意承諾する大人の間ではかまわないかもしれないが、小さな子どもたちに教えられるべきではない」。

後に、クリックはリックマン・ゴッドリー講演を後悔している。私に、晩年こう語ってくれた。「私はＵＣＬでの講演は、少し無謀だったと思います。このようなやり方では無理だとわかっています。人はとても情緒的だということを考慮しなければなりません。そして、いずれにしても、誠心誠意、倫理的な議論に入っていかなければなりません」。一九七〇年代には、遺伝子工学が、次の三〇年間にわたって燻り続ける継続的な倫理的議論の主題になったが、その頃クリックの声は決して聞かれなかった。

しかし、遺伝的な決定論、知性、そして人種についての議論に手を出し続けた。多くの生物学者と同様、クリックは、一般に氏よりも育ちが重要であると認識されていることが不満で、彼の忠告は激烈だった。ＵＣＬでの講演の記録にはこう書かれている。

教育はすべて重要という一般的な仮定があり、情報が激しく必要だということ。無意味。誕生時に別々に離された一卵性双生児についてのさらなる研究が必要。だから、すべての双子が誕生時に分けられたらいいのでは？　養子縁組は簡単（必ずしも強制的ではないが、社会的な圧力や財政上の誘導）。あるいは、もっと多くの双子を生みだす薬。

一九七〇年にカール・ピアソンが書いた、優生学の創設者フランシス・ゴルトンの人生について読みながら、クリックは、ハーバード大学のバーナード・デイヴィスに、双子の親に「双子の一人を寄付する」ように勧める要求を繰りかえし書いた。彼はこう付け加えた。

私のほかの提案は、責任を負えない、とくにたくさんの不要な子どもたちがいる、遺伝的に恵まれていない人たちの問題を解決する試みについてです。責任をもてない以上、避妊が唯一の答えに思えますし、私なら賄賂を贈ってでもそうするでしょう。そういう人たちに、現金で千ポンドくらいを、あるいは、六〇歳を超えた人たちに週に五ポンドの年金を出すことは、社会のためになります。おそらくご存知だと思いますが、インドにおいて、賄賂はトランジスタラジオであり、受けとる人がたくさんいます。

一年後、黒人は白人より本質的に知能指数が低いと主張する、アーサー・ジェンセンの有名な論文に続いて、トランジスタの発明者であるウィリアム・ショックレイは、黒人と白人の相対的な知能指数を率先して研究すべきであると繰りかえし要求して、多くの米国科学アカデミーのフェローメンバーを怒らせた。アカデミーの七名のメンバーが彼らを批判する声明に署名したとき、クリックは反対して、ジェンセンやショックレイを支持する「人間の行動と遺伝に関する科学的自由についての決議」という声明に署名した。ハーバードの生化学者ジョン・エドサルに手紙を書き、クリックは次のように語った。「アメリカの白人と黒人の平均知能指数の違いは、大半が遺伝的な理由によることはありうることであり、考えうるいかなる環境の変化によっても、その違いは消し去ることができないと思っています。さらに、私は、その状況を認識するための手段がとられなければ、このことがもたらす社会的な結果は、かなり深刻なものになりうると思います」。この問題をめぐって、アカデミーを辞めることとさえ考えていた。「もしアカデミーが、政治的な理由のために、評判のよい科学研究を抑圧する積極的な手段をとるのであれば、私が外国人会員に留まれないことを、理解していただけると確信しています」。

エドサルは、彼らは研究そのものに反対しているのではないと返事を書いた。あくまでも人種研究自体を倒壊しかねない、政治的に動機づけられた急速な計画に異議を唱えているのだと断言した。ハーバードの進化生物学者エルンスト・マイヤーは、やはり最初の声明へのもう一人の署名者であった。彼はクリックに手紙を書き、こう議論した。ショックレイが人種に焦点をあてたことで、〔優れた形質をもつと思われる人間を増やすような〕より「積極的な」優生学の計画が妨げられてしまった。この計画をショックレイ自身も長い間望んでいたが、生殖は自由に行われるべきであるという要求に負けたのだ。「こうした自由は、もし人間に限定しないのなら、幸い、破棄されなければならないだろうが」。クリックの返事には、奇怪な陳述が含まれていた。「私自身は、どのみち、黒人と白人の区別についていて、あまり強い感情をもっていません。もし私が偏見をもっているなら、それは貧しい者に反対し、富める者に賛成するということに対してですが、そのような態度はやはり同じように、たいていの人には受け入れられません」。数年後にはサー・ピーター・メダワーへの手紙で、この主張を拡大させている。「私は、非常に富める者、あるいは、非常に知的な者だけが、子どもをもつべきである（なんという考えか！）と言っているのではなく、たとえば大雑把に、上流と中流上層の家族は三人か四人の子どもを、肉体労働者や確実に精神障害のある人は子どもをもたないか、一人だけにするというように、推奨されるべきだと言っているのです」。クリックの計画は、サー・カール・ポパーの『開かれた社会とその敵』〔邦訳未來社〕という本で、人目にさらされ論破されたユートピア型社会工学の一種の例であると、メダワーはクリックにぞんざいに言った。これ以降、クリックは、誰に対しても自分の優生学の計画を勧めようとはしなくなった。

クリックが一九七三年にシアトルで行った講演にあわせて、「ノーベル賞受賞者クリック、ジェンセンの人種理論を支持する」というチラシが作られた。しかし、これは別としても、ここまでの長い挿話で注目すべきことは、かなり強い思想を保ちながらも、いかにしてクリックが大衆との論争を避けたかということである。一九六〇年代、一九七〇年代に、将来の不幸を予言するような人口問題についての危惧が広まり、それとともに人類の衰退に関する憂慮のもとに現れたのは、昔ながらの誘惑であった。信じられないことだが、政治的な討論に踏み入る科学者は、ユートピア的な考えのもとに、偏屈な手段にすぎない集産主義者を、ためらわずに続々と正当化していったのだ。

第11章
宇宙

クリックの生活は規則正しくなった。二月はソーク研究所にいて、カリフォルニアの太陽と、科学についての噂話を浴び、ときどきマラケシュに赴いた。七月あるいは八月には、ギリシャの島々をボートでめぐっていた。だが「アイオブヘブン」の船内は狭苦しいスペースしかない。寝台で寝ているガブリエルとジャクリーンが、時折、テーブルで寝ていたフランシスとオディールの上に転がってきた。フランシスは好んでエンジンの前でやきもきしていた。しかし、ジャクリーン曰く「ソーセージの指と同じくらいの器用さ」しかないクリックには勝ち目のない戦で、からかわれてはカッとなっていた。仕返しに乗員たちを朝四時に起こし、風が吹きだす前にボートを進めた。シュノーケリングをしようとさびれた入り江に停泊したり、レストランに入ろうと港にボートをつなげたりした。

クリックは、たいていギリシャ探検とスペツァイでのサマースクールとを組みあわせた。ボートをギリシャに運ぶため、一九六六年にスペツァイでの最初のサマースクールに参加した。その場で次のサマースクールの幹事から「名前を貸してくれ」と依頼されたが、次の年はギリシャで軍事クーデターが勃発してサマースクールは取り消しになり、続く一九六八年も中止になった。しかし、クリック一家はその年もヒドラの丘の別荘を借りた。一九六九年のサマースクールでは、クリック自身が主催者の一人としてすでに決まっていた。時のギリシャ政権が大学の研究者を解雇し、政治犯を拷問にかけはじめ、同僚たち（とくにフランスの同僚）はサマースクールのギリシャ開催をボイコットすべきだと声をあげていた。クリックの考えはちがった。このままではますます罪のないギリシャの大学人を孤立させ、傷つけることになる。ギリシャ開催を取りやめて、マドリッドやワルシャワ、あるいは（クリック流にいう）ローマ法王庁への旅を準備するのは偽善であると主張した。もし警察の残忍な行為を基準にすれば、「何人かはパリに行くことにも疑問をもつかもしれない」とフランソワ・グロスに手紙を書いた。

なんだかんだで、一九六九年のサマースクールはギリシャで開催された。だが、鉄のカーテンの向こう側からの一五名を含むすべての招待出席者に対するビザの発給も、サマースクール演説に政府の大臣を送らないことを、クリックがギリシャ政府に同意させた後だった。クリック自身、歓迎会の費用を返金した（「この行動の主たる財政的効果は、五〇〇ドルを私たちのポケットから大佐のポケットに移すことでした」と後に同僚に書いた）。その一〇月、クリックとジャック・モノーは、彼らとほか何名かの署名入りで、そうした問題を将来どのように扱うべきかについて、『ネイチャー』宛てのかなり漠然とした手紙の草稿を作成した。しかしほとんど反応はなかった。一九七〇年のサマースクールは一年延期され、結局スペッツァイでなくシシリーのエリスで開催された。一九七二年には再びスペッツァイで行われた。

一九六九年八月、ギリシャから戻る途中で、クリックはカンヌにあるジャック・モノーの家族の古い家に滞在し、一緒に過ごした。モノーはカリフォルニアのポモナカレッジで連続講演をして、その内容を英語で『偶然と必然』〔邦訳みすず書房〕という本にまとめた。後にフランス語で再度同じ内容を書き、改めて英語に翻訳された。それは、生命の多様性の原因として自然淘汰を支持する哲学的な激論であり、フランス語で出版されると学生たち若い読者を鼓舞した。その一方で、進化論的な統制政策のさまざまな形態にまだ縛られていたフランス知識人を憤慨させた。『偶然と必然』はクリックにも強い影響を与えている。その頃には、クリックも物理学的世界と生物学的世界の違いを明確に見分けていた。後にクライゼルにこう書いている。「自然淘汰の巧妙な営みを見れば、母なる自然はひと続きの道具にすぎないことがわかる。この点で物理学のほとんどすべての重要な問題と明確に区別されている。ある一つの道具における誤りが別の道具において修正されるのを見れば、なおさらそう思う」。

カンヌからコルシカ航海へ出る前の朝、ボートの中でクリックとモノーは『偶然と必然』の草稿について延々と議論をしていた。モノーの息子と義理の娘を乗せて出航したときには、平穏無事だった。モノーは、ちょうどナイトクラブが開く時間にセント - トロペッツに到着するだろうと予言したが、戻ってくるところで強風と激浪に遭ってしまった。クリックは、モノーから彼のロープがちゃんとボートにつながっているか確認してくれと頼まれ、もし海に落ちたらどうすべきか慎重に尋ねられた。どうにかして港に着くことができた。しかし、もう夜が明けはじめ、ナイトクラブは閉まっていた。

次の日、エンジンは壊れ、強い北寄りの風が吹いていたが、海岸線をカンヌまで航海して戻った。クリックはモノーの航海技術を、そしておそらくはモノーの博識な才能をも羨んだ。「科学者、哲学者、活動家、そして音楽家」と、一九七六年にモノーが亡くなったときの追悼記事にも書いている。モノーは、ワトソンやブレナーのような、クリックの二人一組のパートナーではなかったが、クリックがいつも賞賛した人物だった。「私たちの友情は、若い者同士の友情でもなく、個人的な問題をお互いに話しあうという意味での親密さでもなかった。むしろ、お互いの欠点を愛情をもって認識するという味つけのされた、ゆらぎのない賞賛に立脚していたと私は思う」。モノーはジャドソンにこう言った。「分子生物学を発見したり、作ったりした人はいなかった。しかし、一人の男が、最も多くを知り、最も多くを理解しているので、その男が知的にあらゆる分野を支配している。フランシス・クリックだ」。そうした二人だが、クリックが神経質にボートを港に進めていくのを見て、モノーはかつて「フランシス・クリックがおとなしくしているのを見た」と語った。

クリックの金回りは、そつのない投資でだいぶよくなった。まず、母が住んでいたニューナムのバートン通りにあった大邸宅クロフトロッジを取りこわし、二〇棟の現代的なアパートに建てかえた。危険もあるが、潜在的には儲かる冒険的事業だった。独特のやり方を徹底し、大きなローンを組んで開発を依頼、建築家を監督して、そのアパートを売りはじめた。伝えられるところによれば、ケンブリッジ最大の不動産業者であるダグラス・ジャニュアリーはクリックのビジネスセンスに非常に感銘を受け、クリックに仕事を発注したという話もある。一九六七年、オディールが売れ残っていた三棟を現代デンマーク風に変えた。そして、クリック研究室の訪問博士研究員であったトムとジョアン・スタイツが最初に住みはじめた。クリックはニューマーカー通り外れのクアイントンクロスにも、もう一棟アパートを手に入れ、貸しだすことにした。

暗号に続くクリックの焦点は、高等生物（すなわちバクテリアより高等）の染色体上の遺伝子の組織化に主に向けられた。すると、一つの問題が霧の中から現れてきた。あまりに多くのDNAがあったのだ。クリックが一九七二年にMITで行った二つの講演でまとめたように、ヒトにはバクテリアの約千倍のDNAがあり、イモリにはカエルやヒトよりも何十倍も多くのDNAがあった。イモリにカエルの一〇倍も多い遺伝子はどう考えても必要ない。だがミバエの小さなゲノムでさえ、少なくとも、遺伝子に必要とされる三〇倍も多くのDNAがあった。「主たる問いは、すべてのこのDNAは何のためなのかということである」。「がらくた」なのか、「進化的に保存されているのか？」、それとも、遺伝子の発現を制御するために存在する何かなのか？

一九七一年のシシリーサマースクールで、クリックは精巧な理論を作りだしてきた。つまり、遺伝子中でタンパク質を指定する配列は、それ自身、DNAがまっすぐの「繊維状に」伸びた状態、いわば染色体の薄い「内部バンド」にあり、一方、制御する配列は、DNAが「球状」構造に丸くなった濃いバンドに見出されるというものだった。クリックは、二本鎖DNAの丸まった「ヘアピン」が、球形からひねり回って出てきて、先端部分で一本鎖に解離すると考えた。こうすることで、発現を制御するタンパク質が一本鎖になったDNAを特異的に認識するのに好都合になるという見方だった。

だが、球状DNAの仕組みは、根本的に間違っていることが証明された。推論が一つ余計だったのだ。この屈辱的な失敗が、インスピレーションでなく、努力の時代がやってきたことを印象づけた。理論でなく、データが王になるべきである。さらに、かつての居心地のいい分子生物学者クラブが、広範囲にわたる産業と化していて、クリックでさえ把握できないほどのおびただしい量の文献が生みだされていた。

クリックは分野を変える必要があった。分子生物学を研究しながらも、すでに二つの方向にスタートを切っていたが、そこではまだ思考と分析が重要であった。一つめは、受精卵からの胚の発生だった。シドニー・ブレナーが卵から成虫への発生を追跡し、コンピュータ上で神経系を再構築する目的で、実験動物として線虫（Cエレガンス）を選んでいた。彼とクリックは、一緒に研究を進める才能のある独立した科学者の募集に取りかかった。その募集方法は少し変わっていた。ピーター・ローレンスはアメリカでの研究からちょうど戻ってきたところで、遺伝学部門で講演を行った。そこにクリックとブレナーが押し入り、遅刻を悪びれもせず、ひそひそしゃべっていた。最終的にローレンスを採用した。数学者のグラエム・ミッチソンは面接に呼ばれて、三つの質問をされた。最初の質問は、クリックがテーブルに置いたものを特定せよというもの。ミッチソンは犬の模型だと言った。実際はエタノール分子の模型だった。二つめの質問は、ユーモアのセンスを検出するために作られた冗談。三つめの質問は、「あなたは手先が器用ですか？」。ミッチソンの答えは「私はピアノを弾きます」だった。ミッチソンは仕事を手にした。

ミッチソンとマイケル・ウィルコックスは、藍藻が約一〇細胞ごとに窒素を固定する異質細胞に分化する能力について研究することになった。ローレンスは、昆虫、とくに吸血虫であるロドニウスの表皮からの毛の生え方を研究していた。その目的は、足や腕や頭についての「位置情報」を与える化学物質の濃度の違いを示す勾配が、胚の中の細胞のどこにあるのかを突きとめることであった。勾配はまた、器官がどちらの方向に成長するべきかを「知る」、極性についての鍵かもしれないとローレンスは考えた。クリックはすぐに、そのような勾配が、もとになる細胞からの化学的なモルフォゲン（細胞の分化や形態形成を誘導する物質）の単純な拡散によるのかを計算することに興味をもった。そして、もし細胞質中の拡散速度について既知のことを仮定すれば、勾配が広がると考えられる距離はおおよそ正しいということを知って感激した。ストレンジウェイズでの細胞質の粘性研究がとうとう役に立ったのだ。クリックは、数学者のマリー・ムンローを引きずりこみ、計算を手伝ってもらった。ローレンスにはロドニウスの毛の波形についての実験結果を定期的に印刷してもってきてもらい、どう解釈すべきか討論した。モルフォゲンそのもの（通常はタンパク質だったが、ときにはメッセンジャーRNAのこともあった）は、それらを作る遺伝子とともに一九八〇年代まで解明されなかったけれども、クリックが勾配に取り憑かれて考えたことは、最終的に正しかったのだ。

一九七〇年代初頭、二重らせんの二一周年記念日が近づいた頃には、歴史家たちが興味を示しはじめた。一九七二年には、（もちろんフランクリンを除いた）主役たちがイギリスとアメリカで放送されるテレビ番組のインタビューを受けていた。イギリスの番組編成者には科学的ではないと言われ、アメリカ人には科学的すぎると言われながらも、ずっと遅れて、最終的に『二重らせんへのレース』として、一九七四年七月八日にBBC第二で放送された。BBCのナレーターは、キーズにかつていた生物学者で、クリックのストレンジウェイズ時代の友だちであるサー・マイケル・スワンだった。

同じ年、ロバート・オルビーによる、DNAについての歴史的、前史的な学術本『二重らせんへの道』〔邦訳紀伊國屋書店〕が、クリックの序文つきで出版された。クリックは、オルビーが、ワトソンよりも「もっと徹底的に、もっと高い知的レベルで」、科学的背景まで扱ったことを賞賛した。クリックは、何年かオルビーと密接に共同研究を行い、一九七〇年二月にはオルビーを叔母のウィニフレッドに会わせるために、ノーサンプトンに連れていっている。『二重らせん』本論争が繰りひろげられる中、クリックはオルビーの本を楽しみに待ち、なんらかの形でワトソン自身の説明を載せたらどうかと提案した箇所さえあった。一方、ホレス・フリーランド・ジャドソンは、『タイム』のアートライターとして活躍し、一九六八年から分子生物学における革命のリーダーへの長い連続インタビューを開始した。クリックはそのときギリシャにいた。ジャドソンは一九七一年までクリックと会えなかったが、政治家とちがい、ビートルズやローリング・ストーンズのように質問にちゃんと答え、考えていることを言ってくれる科学者へのインタビューは素晴らしいと思った。桁はずれともいえるインタビューを徐々にまとめ、一九七四年、ケンブリッジに移った後に、クリックに初期の草稿を読んでもらっている。『創造の第八日目』〔邦訳『分子生物学の夜明け』東京化学同人〕というその本は、一九五〇年代と一九六〇年代初頭のできごとを簡潔かつ詳細に描き、科学史における古典となった。そのキャスティングでは、クリックが主役を演じた。

その頃、研究室ではシドニー・ブレナーが突然、窓のない地下室の巨大なコンピュータをプログラムすることに取り憑かれていた。当初の計画は、ソフトウェアのプログラムとしてCエレガンスの発生を再構築することだったが、だんだんと機械そのものが主眼点になっているようだった。同僚たちは、ソフトウェアについてはてしなく続くブレナーの会話から逃れる手立てを考案しなければならなかった。クリックは、ソフトウェアには興味がない。二人のからかいあいは以前のように続いたけれども、興味の対象は完全にそれてしまっていた。

クリックの新しい興味は、生命の起源にあった。ここでの新しいパートナーはレスリー・オーゲルであり、オーゲルはそのときソーク研究所にいた。クリックは、遺伝暗号が解読される前に、遺伝暗号の起源についての理論化を始めていた。遺伝暗号は、変化することによって多くの致死変異を生みだす。したがって、原始の生物でいったん作りだされれば変化できない、偶然に凍結したできごとだと議論した。われわれが誰しも、そのような一つの生物に由来していること（暗号は〔生物によらずに〕普遍的であるか、きわめて普遍的に近いこと）は、いまや確実かに思えた。クリックは純粋に、別の暗号をもった生物が生き残らなかったことに困惑した。つまり、爬虫類が哺乳類のいる世界の中でずっと生きてきたように、なぜ、異なる暗号を使う異なる生物が生き残らなかったのだろうか？　暗号が作りあげられていくあらゆる段階で、ほかの可能性はすべて、競合して完全に消し去られてしまったのだろうか？

クリックは、一九八〇年代に流行り、影響力の強かった「RNAワールド」に興味をそそられながら近づいた。RNAは（DNAがするように）情報を複製することも、（タンパク質がするように）反応を触媒することもできるので、RNAから作られた生命体は、おそらく、現代のDNA、RNA、タンパク質から作られる生命体に先立つだろうという議論だった。ある論文では、転移RNAは「自然がRNAにタンパク質の仕事をさせようとした試み」のようで、原始の生命は「すべてRNAだけで構成され」たのかもしれないと述べている。

一九七一年九月には、アルメニアの首都エレバンのビュラカン天体物理観測所で開かれた会議に出席し、地球外生物について話しあった。そこでクリックは、カール・セーガンによって集められた、きら星のごとく輝く著名科学者に加わった。メンバーには、宇宙学者のトミー・ゴールドとフランク・ドレイク、物理学者のフリーマン・ダイソンとフィリップ・モリソン、神経科学者のデイヴィッド・ヒューベル、人工知能の草分けマーヴィン・ミンスキー、レーザー開発者のチャールズ・タウンズ、歴史家のウィリアム・マクニール、人類学者のリチャード・リー、そして彼自身の分野から、レスリー・オーゲルとガンサー・ステントがいた。異様な会合だったが、少なからず、両方向の優れた同時通訳者であるボリス・ベリツキーのおかげで、会話はスムーズにできた。けれども、緊張緩和の兆しがみえかけた雪解け時代にロシア人と話をすることは、まるで宇宙人と話をするぐらい新奇なものに思えた。ある夜、ディナーのテーブルで杯が進むうち、クリックは酔いを感じはじめた。水が入っていると思った瓶に手を伸ばし、すっかり酔ってしまったのだ。ウォッカの瓶だったと気づいたときには、すでに遅かった。

ビュラカン会議で、クリックは生命の起源と性質について討論する役割を担い、集まった専門家たちに、生命は複製し、変異し、環境に影響を与えることが必要だと強調した。「自然は、二つの言語を操る装置をもっています。一つは複製のために、もう一つは発現のために使われます。自然は、一つの言葉を別の言葉へ翻訳するために、極端に複雑な装置を生みだしました。そして、その結果が私たちの遺伝暗号です」。

遺伝暗号の普遍性（遺伝暗号が唯一のものであることの不可解な意味あいと生命のありえなさ）について熟考し、また、ビュラカンでの推論的なムードに後押しされて、クリックとオーゲルは、二年後に、惑星科学の雑誌『イカルス』への論文として成熟させ、語りはじめた。「意図的パンスペルミア」と題したこの論文は、浅薄で不たしかな事実しかない中でも、立派なきちんとした論理のもと、次のように展開された。もし生命がありえないほど不可思議に思える存在でも、宇宙に存在する惑星の数が膨大でありさえすれば、どこかの惑星には生命が生まれる可能性があるだろうし、また、ほかのところで生命が出現する前に、そこで進歩した段階に到達することもありえそうだ、と。自分自身の世界が滅びる運命にあるならば、そのとき最善の方法は自分自身で旅するのではなく、単純なバクテリアのような形態の生命を入れたロケットを打ちあげ、宇宙の大きな隔たりを飛びこえ、ほかの世界に定住することだ。進歩した生命体のメンバーは最終的にこのような結論に達するだろう。宇宙は、少なくとも地球よりも二倍も古いので、地球が冷えるときまでに、ほかの文明がすでにこの地点に到達していて、われわれの銀河に「感染」していた可能性や見こみもあるだろう。それゆえに、われわれの共通の祖先は地球に生まれたのではなく、知的生命体によって、ほかのところから意図的に送られてきて到達した可能性がある。馬鹿げた議論に思えるが、生命の起源の理論はどれもそんな感じだった。生命体はいくつかの重要な酵素の補因子としてモリブデンを必要とするが、モリブデンは化学的にほぼ同じはたらきをするクロムやニッケルなどのほかの元素に比べて、地球の岩石中できわめて稀な元素である。経験的に正しいかどうかを試す立場から、クリックとオーゲルはこの事実に注目した。おそらく、われわれは、モリブデンが豊富にあるほかの惑星からやってきたのだ。しかし不幸にも、モリブデンは海水中に豊富にあることを化学者からすぐ指摘された。

オーゲルにとって、そのアイディアは冗談にすぎなかったが、クリックはもっと真剣にとらえようとした。彼の主たる動機は、普遍暗号を説明することだった。

なんらかの異なった暗号をもつ生物が同時に存在していないことは、ちょっとした驚きである。暗号の普遍性は、生命の起源の「感染」説から自然に導かれる。地球上の生命は、単一の生物に由来したクローンである。

しかし、どう考えても、浅薄すぎるということは理解していた。

発生学は骨が折れすぎるほど経験的だった。パンスペルミアは希薄すぎるほど推論的だった。結果、どちらのテーマもクリックの心をわしづかみにはしなかった。一九七〇年代半ばには、DNAの構造に戻り、突如、染色体に結合しているヒストンタンパク質に魅了された。ヒストンは五種類しかなく、残りの二〇ぐらいは翻訳後に修飾されるというニュースに心おどらせたのだ。DNAがどのようにして、ヒストンの組みあわせの周りを覆うヌクレオソームと呼ばれる形態を自ら作りだすのか。有名な二重らせんは、染色体中ではまっすぐではなく、だいたい曲がっているということが徐々にわかりはじめていた。これらを対象とする結晶学を研究していたアーロン・クルーグとロジャー・コーンバーグは、自分たちに質問と提案が浴びせられることを自覚した。自分自身の結果がクリックによって詳しく解釈され、いつものごとく、自分のクロスワードがクリックによって締めくくられても、コーンバーグはもう驚かなかった。染色体はらせんの全階層を構築していた。DNAの二重らせんはそれ自身でヌクレオソームの周りを巻き、ヌクレオソームがより大きなソレノイドと呼ばれる超らせん構造を作るために、端と端が詰めこまれ、今度はさらに大きな中空の円柱の周りに巻かれる。こうすることで、まっすぐに伸ばされているときよりも、一万倍も小さい空間の中にDNAを詰めこめるようになる。クリックは一般的な幾何学的問題を発見した。一本のロープ、あるいは一本のリボンを巻きあげるときに、どのような形の中でならどのくらいねじることができるかという「ねじれ数」という名のもとに検討されるトポロジーの問題だった。この問題をおもしろがった。らせんの回折理論を構築したときと同じように、幾何学を可視化する優れた手腕は「野鳥観察者《バードウォッチャー》のためのねじれ数」（一九五一年にジム・ワトソンのために書くことを約束した論文のまね）という論文を書いたときにはっきりと現れていた。新しい論文は、最終的に「リンキング数とヌクレオソーム」というタイトルで一九七六年に出版された。クリックは、ゴムのチューブを撚りあわせて、ねじれた超らせん形の模型まで作ろうとしている。ある日、窓を半分開けてチューブを固定していたクリックは、窓から入ってくる蜂に難儀したが、実験助手に熱心な養蜂家がいるのだろうと疑わなかった。

しかし、たまにクリックも元気がなくなってしまうようだった。同僚たちは、一九七〇年代のこの頃は、クリックが少し鬱気味になっていたのではないかと心配した。一九七一年の終わりには「働きすぎ」からの回復をはかるために、二か月の休暇をとった。一九七三年には、ワシントン州（息子のマイケルと新妻のバーバラが少し前に居を構えていた）、ハワイ、そしてフロリダへの長旅の後、クリックは、ペンシルバニアとテネシーへの訪問をとりやめ、数日間、病院で過ごさなければならなかった。ソークでの三度め、任期六年のフェロー職も更新しないことに決めた。招待をすべて断り、不必要な旅行は全部諦めると、周囲に言いはじめた。一九七四年六月、ワトソンにこう書いている。「私自身は、もう、科学の気違いじみた競争が心から嫌になりましたが、まだ科学そのものにはとても強い興味を感じています」。その夏は、スペツァイでのサマースクールに行くことすらしなかった。

問題の一部は健康だった。断続的な喉と胸の痛みに苦しんでいた。時折、吐血もした。一九七五年のある日、ロンドンの友人宅に夜中一人でいると、非常に具合が悪くなった。救急車を呼んで、階段を這いながら数段おり、ドアを開けなければならなかった。ミドルセックス病院に運ばれ、食道括約筋収縮と診断されて、その朝、手術を受けた。胃の入口の弁を引き伸ばす長い複雑な手術だった。オディールはケンブリッジから病院に呼びだされ、何時間も心配しながら待った。クリックは数日、集中治療室に入り、さらに何日間か病棟にも滞在した。逆流性食道炎を患い、癌の可能性も少しだけ心配したが、最終的には完全に回復し、何事も起こらなかったかのように忙殺的なスケジュールの旅行を再開した。一九七六年春には、スイス、トルコ、イラン、ドイツの会議に、彼の姿があった。そして八月にはスペツァイに戻ってきた。

次に続くお決まりのコース（たいていの科学者が経歴におけるこの段階ですること）は、壮大なお偉方の世界に静かに滑りこんで、教授、大学長、あるいは、政府機関、研究審議会、王立調査委員会の長になることだった。「自分の研究室をまだ運営してはいる」が、研究の機会はほんのわずかであるという方向へ。日常の仕事はもはや発見ではなく、経営と政治だ。ワトソンはすでに確実にこの段階を踏んでいて、活動的な研究は諦め、管理へと向かい、コールドスプリングハーバーの管理者と資金調達の救世主になった。クリックは決してそうしようとはしなかった。だが、一度だけ考えたことがある。一九七五年一一月、医学チューターのリチャード・リページと詩人のJ・H・プリンネという、キーズの二人のフェローに言い寄られ、ジョセフ・ニーダムの後を継いで学長になることを打診されたのだ。このときは候補として推薦されることに同意した。しかし一か月間考えた後で、言いあいをしているフェローたちを統括し、裕福な卒業生から資金を募って、シェリー酒をちびりちびり飲むことにはまったく魅力を感じないと、オディールとともに結論を下した。そして、一九七六年一月、自分の名前を取りさげた。彼には、毎朝起き、人間の世界でなく、自然の世界がどのように作用するかを考える必要があった。

もし、ワトソンとモノーの本が成功したのだとすれば、クリックも本を書くべきであったことは明白だった。実際、小冊子程度の長さしかない『分子と人間』という生気論についての講演集を除いて、一冊も書いていなかったのはかなりの驚きである。彼の文体は流暢で、科学論文は明快さのお手本だった。しかし、自分自身のプライバシーを強く守り、ワトソンのように主観的には書けなかった。さらに、経験的な事実を何よりも尊重したので、モノーがしたように哲学に飛びこんでいくこともできなかった。そのかわり、ドーリング・キンダースリーという新しいイラスト本の出版社から、大衆向けの本を書くことを選んだ。すでにこの出版社から子ども向け科学本に序文を依頼されていた。クリックが提案した主題は「スケール」（原子から銀河にいたるまでの物の相対的な大きさ）だった。一九七六年八月末までに、『フランシス・クリックとの旅』という最初の草稿を書きあげ、出版社に送った。

健康への心配、六〇歳の誕生日が近づいていること、懲戒的なイギリスの課税（外国の稼ぎに対してさえもかかる）、これらすべてが彼の心を占め、少なくとも一時的にでも移住してもよいと思いはじめていた。一九七五年九月、ソーク研究所新所長のフレデリック・ド・ホフマンがカリフォルニアで八か月間の研究休暇を過ごせるようにクリックを招待した。クリックは、ＭＲＣに無給の休暇を願いでて、もし一九八一年の六五歳の誕生日前に早期退職したら、年金がどうなるか調べはじめた。ソーク研究所からの報酬について、イギリスからの課税を逃れるためには、最低一年間は外国で連続して雇用される必要があった。そのためソークでの八か月の後、デンマークのオーフス大学での客員教授で三か月、コールドスプリングハーバーで一か月滞在することにした。娘は二〇代になり、オディールもまた外国での生活に抵抗はなかった。基盤はいまだにケンブリッジにあったけれども、ガブリエルはデヴォンのトトネスにあるダーティントン芸術大学で学んでいた。そして、ジャクリーンはロンドンで若者の自立支援活動をしていた。子ども二人は自分たちに家を出る準備ができていないので、両親がそのかわりに家を出なければならないと冗談を飛ばした。

第12章
カリフォルニア

一九七六年九月一〇日、クリック夫妻は空路カリフォルニアに向かった。ラホヤのローズランド通りに家を借り、車を買い、州の運転免許試験を受けた。クリックはソーク研究所で、クロマチンについてのセミナーを九月二三日に行い、その後すぐにパンスペルミアについての別のセミナーを行った。翌年、ソークは彼に終身のポストを申しでた。また、数週間滞在してもらってクリックと話ができるように、各地から飛行機利用で研究者をソークに招待する予算が、F・W・キークヘファー財団から手厚く差しだされた。この頃、イギリスに戻るという考えが消えはじめた。一九七〇年代のイギリスの厳しさと比べると、カリフォルニアの太陽と繁栄には抵抗できないように思えた。また、医学研究審議会の職員として、クリックはまもなく定年を迎えようとしていて、退職という将来も彼を怖がらせた。そして、一九七七年三月三一日、MRCを早期退職してソークの研究者になった。

クリックの赤みがかった髪の毛は、もう白髪になっていた。頭は後ろまで禿げあがってきたが、たっぷりしたもみあげと白ネズミのように大きな眉毛は、誇らし気に健在だった。何年もの間、頭をドアの枠にぶつけないよう少し前屈みになっていたが、六フィート二インチの体格はいまだにほっそりしていて、その青い瞳には、楽しそうなきらめきがずっと輝いていた。クリック夫妻は、イギリスから持参できたわずかのお金で、ソラナビーチのコンドミニアムを購入し、ゴールデンへリックスを学生に貸した。数年間は、夏にイギリスに戻って使うために、ケディントンに小さな家をもち続けた。最初のイギリス訪問は一九七八年の五月から八月だったが、すぐにその家は売られた。クリックが「頭脳流出」に加わる決断をしたことを、イギリスという明らかに沈みかけている船に乗り続けた人たちの中にはよく思わない者もいた。学界内には、いろいろな批判がささやかれていた。

同じ頃、「スケール」と仮題をつけた本の企画は流れてしまった。クリックの著作権代理人フェリシティー・ブライアンはとてもよい本だと思っていた。しかし、ピーター・キンダースリーは書き直しの方針を伝えず、ブライアンは次の六か月をかけてクリックに詫びた。キンダースリーは、「もっともっと単純な」原稿を欲していた。締切は六月だったが、一九七七年一月になっても約束した改訂版はできあがらなかった。クリックは少々傷ついていた。それまで原稿を却下されたことはなかったのだ。彼は、手短に、ジャック・モノーについて書いてみたい気持ちになった。モノーはその前年に癌で亡くなっていた。クリックは続いて、DNAの本を出すために『サイエンティフィックアメリカン』との交渉に入った。だが、最終的に執筆計画は両方とも取りやめることに決めた。一方で、自分の講演の中で聴衆に一番刺激を与えるのが、意図的パンスペルミアだとも理解した。一九七三年、彼とオーゲルが『イカルス』に掲載した論文をフェリシティー・ブライアンに送り、彼女はその企画をサイモンアンドシュースター社のアリス・メイヒューに売った。宇宙における生命の起源について首尾一貫した議論を行う導入として「スケール」の名残を差しはさみ、『生命』〔邦訳新思索社〕という本が一九八一年に出版された。商業的に成功し、概して快く批評されたが、テーマは多くの人たちを驚かせた。偉大なクリックが、宇宙船から宇宙に種を撒く宇宙の生命体について書くとは？ 成功して、のぼせてしまったのではないか？

一九七八年、今度はスローン財団からの後援を受けて、ベーシックブックス社の回顧録シリーズを書く。シリーズの創刊二冊は、フリーマン・ダイソンの『宇宙をかき乱すべきか』〔邦訳筑摩書房〕とピーター・メダワーの『若き科学者へ』〔邦訳みすず書房〕というベストセラーだ。執筆契約の署名をした後、クリックはぐずぐずして先のばしにしていたが、一九八六年になってスローン財団のサンドラ・パネムがようやくクリックを言いくるめて原稿を手に入れた。『どんな狂気の追跡なのか』〔邦訳『熱き探究の日々』TBSブリタニカ〕というタイトル（キーツのこのフレーズを彼は一九五〇年にキャヴェンディッシュでのタンパク質セミナーで最初に使用した）で、勢いよく明快に彼の人生のメインテーマを詳しく語っていた。だが、二重らせんの物語はすでに書き尽くされていると敬遠した。そして、予想されたことではあるが、本文に自己分析はなかった。回顧部分は洗練され、有頂天になったようなところはなかった。

ワトソンは『二重らせん』映画化の可能性をほのめかしていた。しかもハリウッドである。一九八一年に映画脚本の段階まで進み、ワトソンとクリックは、二人ともコンサルタントとして報酬交渉の代理人を雇った。クリックは疑い深く、用心深かった。ワトソンは、リチャード・ドレイファスのような小柄の誰かが演じるという考えにギョッとしたけれども、ずっと乗り気だった。しかし、三年後に、ハリウッドではなくBBCが『二重らせん』をもとにして、ジェフ・ゴールドブラムをワトソンに、ジュリエット・スティーヴンソンをフランクリンに、アラン・ホワードをウィルキンスに、そしてティム・ピゴット＝スミスをクリックに配した、『ライフストーリー』というテレビドラマを作った。

クリックは、完全に区切りをつけるために、古い科学のテーマから移住し、脳を研究する新しい経歴をスタートするつもりだった。だが一九七七年、分子生物学におけるある発見が、彼の注意をDNAに引き戻す。その夏、リチャード・ロバーツとフィリップ・シャープは、コールドスプリングハーバーで、動物と植物ではバクテリアとはちがって、多くの遺伝子には意味のない部分が点在し、意味のある部分が分断されていると発表した。これらの意味のない部分は、細胞質へ送られる前に、メッセンジャーRNAから切り離されなければならないという主張であった。切り離された部分は、まもなくウォルター・ギルバートによって「イントロン」と名づけられ、意味のある部分の「エクソン」と分けられた。クリックは、昔からの自分の役割が果たせる機会を見つけた。種々の論文から、たくさんの新しいデータを集め、いくつかを捨て、残りを意味のあるタペストリーに織りあげるのだ。『サイエンス』に長い総説を書き、その中で分断された遺伝子の機構とその機能、およびRNAスプライシングについて自由に考えをめぐらせた。

その論文では、レスリー・オーゲルの提案について述べている。ゲノム中のあるDNAは、「利己的ＤＮＡ」かもしれず、なんらかの仕組みであまり「宿主」に害を与えることなく複製し、自分自身を増やすというものである。オーゲルはリチャード・ドーキンスの論文から引いてきたが、ドーキンスは、一九七六年のベストセラー『利己的な遺伝子』〔邦訳紀伊國屋書店〕で、大部分のＤＮＡが明らかにタンパク質に翻訳されていない事実の説明として、最初に取りあげていた。クリックの方は、莫大なＤＮＡの大半は生物としての観点から「がらくた同然」という見方に行き着いたが、それまでは（大部分は害のない）寄生生物のように、自分自身を複製した配列からなりたっていると考えていた。この考え方は今、コンピュータウイルスのおかげで、一般にも浸透した。情報のパラサイトという概念は現在では珍しくないが、一九八〇年には知られていなかったのだ。

利己的ＤＮＡは、ＤＮＡ科学へのクリックの最後の独創的な貢献になった。そして、ロナルド・ケープとドン・グレイサーによってサンフランシスコに設立された、初期のバイオテクノロジー会社の一つ、シータスの顧問になるように説得された。シータスはクリックに、年に四日間の労働に対して、一万ドルといくばくかの株を支払った。シータスでは、遺伝子をマイクロプロセッサと結びつけるバイオチップに対して、年がら年中熱狂的なケープの気持ちを静めるのに、多くのエネルギーを費やした。クリックの目には時期尚早に映っていた。また、バクテリアを訓練して、心臓の冠状動脈からの「汚れ」を食べるようにし、さらに、心臓の薬としてその酵素を分離したらどうかと提案した。

そうしてクリックは長年の決心を実行し、自分の注意を人間の脳に向ける準備を始めた。生涯、脳について考えてきたのだ。意識は、一九四七年に公務員を辞めて新しい人生に飛びこむ前に、取りくもうと考えてきた二つのテーマのうちの一つだった。ここに立ち戻り、アンコールとしてこの問題をやっつけることは、きわめて自然なことに思えた。一九五〇年代以降、生理学者のホレス・バーローと知りあいだったクリックはハーディークラブで、カエルの視覚系における「虫探知機」とその視覚系の作用機構について、手がかりになる話を聞いていた。一九六四年、クリックはソークで行われたデイヴィッド・ヒューベルのセミナーに深い感銘を受けた。それはヒューベルがトーステン・ウィーゼルと一緒に行ったサルの脳についての驚くべき実験だった。そこで、ヒューベルにさらに一時間、話をしてもらった。ヒューベルとウィーゼルは、サルの視覚系で、特定の性質（ある角度に配向した線にだけ）に反応する特別な脳細胞を発見していた。クリックはヒューベルの論文をすべて読み、何年間か、この研究を追い続けた。一九七二年には当時の最先端神経科学者が多く集まるＭＩＴの脳セミナーで一週間を過ごし、一九七六年、ソーク研究所に移動するやいなや、神経科学の文献に没頭しはじめた。

クリックが見つけたのは、一九五〇年代初期の遺伝学と非常によく似た現場であった。豊富なデータがあるが、芯となる理論はなかった。一九七九年の『サイエンティフィックアメリカン』に掲載されたマニフェスト「脳を考える」で、彼はこう書いた。

神経生物学者は、何が起こっているかについて一般的な概念をもっていないのではない。問題は概念が正確に定式化されていないことである。それに触れると、ぼろぼろに崩れる。知覚の性質、神経の長期記憶との関連、眠りの機能、いくつかの例を挙げると、すべてがこの特徴を有している。

脳は、二重らせん以前の遺伝子のように、ブラックボックスとみなされていた。構造や機構からでなく、行動から脳を推測していた段階だった。心理学者は、そんなブラックボックス的な仕事から考察することができたが、定量的にはなりえなかった。「われわれは構造と機能を調べなければならないが、外側からというより、ブラックボックスの中で調べなければならない」。

心理学者は、クリックの恩着せがましさに、畏れといらだちを入り混じらせながら反応した。より厳密な科学の世界のこの偉人は、用心しながら好意を示したが、自分なら彼らの科学を整理できるとほのめかしていた。ちょうど、一九五〇年に結晶学に乱入して、結晶学者に彼らがやっていることは間違っていると言ったときのように。哲学者と比べて、心理学者はこれまで、あれこれ言われずに済んできた。「哲学者は、過去二千年以上にもわたって、あまり大した成果も出せずにきたので、彼らは通常表している高慢な優越感よりもむしろ、ある種の謙遜を示す方がよいであろう」とクリックは述べている。しかし、クリック自身が驚いたことに、脳生理学者でさえもたいていは思考の物理的な発現に興味をもっていなかったのだ。自分を認知科学者と称する人たちは、たとえば精神作用の理論的なモデルを作り、それらのモデルが現象をどれくらい説明するかを試したがっていたが、その過程が現実のニューロンではどう作用しているのかを見たいとは思っていなかった。クリックは、そういう「機能主義者」の批判者として、また、純粋な還元論の物質主義者の王者として、自身の才能を示していた。心を理解する方法は、心を構成する要素を理解することだった。脳によって示される全体としての機能だけでなく、「脳のどの小片が、現実に、研究中の機能を実現するか」を知りたかったのだ。

クリックは視覚を選んだ。一つにはヒューベルの影響から。もう一つには、人を欺くように、やすやすと外界について非常に正確で鮮明な意識下の描像を与えるにもかかわらず、人工知能によって再現することがきわめて難しいから。クリックは独学で脳の解剖学を学びはじめた。神経解剖学者たちは、年老いた好事家の怠惰な道楽ではなく、いわば学生が一心不乱に学ぶのと同じ向きあい方であることを悟り驚いた。セミナーや講演に参加し、論文を読み、実験の詳細について学びとる勢いだった。その問題を、頂上からではなく根底から見て、知覚の実際の機構を見つけたかったのだ。彼はこう書いている。「われわれは、まだ、きわめて直接的な経験を解明する、意識下の知覚について、いかなる記述ももちえていない」。

最初に徹底的に質問した相手は、ドイツ在住の神経解剖学者ヴァレンチノ・ブライテンベルグだった。彼らは、クリックが一九七七年の講演でデンマークからテュービンゲンに来たときに出会った。講演後のパーティーで、ブライテンベルグは、心酔した様子の教授たちに囲まれてソファに腰をおろしているクリックを見て、隣に座り、ハエの脳の解剖学について話を始めた。抽象的な心よりもむしろ具体的な脳に興味をもつ人物を見つけたことにわくわくして、クリックは、翌日ブライテンベルグの研究室を訪ねたいと頼んだ。「あんな短い時間に、あれほど多くの事実を、批判的に吸収することのできる人物に会ったことがない」とブライテンベルグは思いかえす。同じ年、今度はブライテンベルグから、ケンブリッジのクリック夫妻に会いに行った。彼は一九七八年五月に、クリックに宛ててこう書いた。「いまや私たちの主要な仕事は、ヒューベル - ウィーゼルなどの実験結果の下に潜む、ミクロ回路を見つけることだと考えていると聞いて、私は喜びに満ちあふれています。同感です」。ブライテンベルグは、その年の一一月に一か月間カリフォルニアに招待されたが、結局、彼自身が考案した問題の回路の特別なモデルでは、クリックを納得させることはできなかった。

クリックの次なるターゲットは、おそらく、その当時の最も有名な若手脳科学者だったデイヴィッド・マーだった。優秀な数学者であったマーは、一九六〇年代の終わりにはケンブリッジですでに高く評価されていて、博士論文で哺乳類の脳機能の理論を提唱した。分子生物学研究所（脳機能のプログラミングのためにブレナーに雇われた）で働いた後、マーは視覚研究に入りこみ、知覚に「計算的に」近づく革命的な方法を開発した。彼は、目からえられた像の特徴を演繹して考えるために、脳は数学的なアルゴリズムを使わなければならないと議論した。

一九七九年四月、マーは、才能あるイタリア人物理学者のトマソ・ポッジオをラホヤに連れてきて、一か月間、クリックと濃密に視覚について話をさせた。ポッジオは、テュービンゲンでハエの視覚系を研究していた。その頃マーは白血病と診断され、暗い影を落としていたけれども、三人ともが胸おどらせる時間だった。だがマーは翌年、三五歳の若さで亡くなった。彼らの討論の様子は、マーの死後に出版された『ビジョン』〔邦訳産業図書〕という彼の本の結びに、ちらりと見出すことができる。そこにはマーと匿名の懐疑論者との間で、架空のソクラテス的対話があった。この懐疑論者は、多かれ少なかれ、もちろんクリックである。その対話で、マーは、視覚的知覚の理解について、脳のニューロンのレベルだけでは何も言いえないことを懐疑論者に確信させようとしているように見える。ちがったレベルの計算的な説明もまた必要であると。もしクリックがこれを納得したのなら、部分的に後戻りしたにちがいなかったが、実際は、その後何年もの間、現実に存在するニューロンの信奉者であった。

まるで還元主義を強調するかのように、クリックはまず、ニューロンの樹状突起のとげ状構造〔スパイン〕を、顕微鏡を用いて研究した。いろいろな生物の視覚野に、最も普通に存在している錐体ニューロンは、それぞれが約一万もの小さな伸長部をもっていた。それらがほかの細胞の軸索突起との間にシナプス結合を作り、ここを通って、大部分の電気的な信号がニューロンに流れこむようだった。樹状突起のスパインが文字どおり収縮し、この収縮が機能の中心であり、短期記憶はスパインの出っぱりや引っこみのパターンによって保存されているかもしれないということを読み、クリックは確信するようになった。筋肉繊維のように、スパインにはアクトマイシンが含まれていることを予言した。ただし、その動きは予想よりもゆっくりであることが、やがて明らかになっていった〔数十秒かかり、一秒単位ではなかった〕。一九八〇年、クリックはテュービンゲンのブライテンベルグとポッジオを訪問し、樹状突起のスパインの電気的性質をモデリングしている彼らの学生に会った。この学生は、アメリカ生まれのドイツ人クリストフ・コッホであり、ブレナーとワトソンの後、一九八〇年代後半から、クリックの残りの人生における最後の二人一組のパートナーになった。

一九八一年秋、クリックは、アジアでの長い講演旅行に出かけ、クリスマスにカリフォルニアへ戻った。途中で、クリックは、ケンブリッジの元同僚グラエム・ミッチソンに、二年間ソークへ来てもらい、現存している脳についての文献調べを助けてもらうことにした。グラエム・ミッチソン（クリックのストレンジウェイズ時代からの旧友マードック・ミッチソンの甥、ワトソンにとっての詩神であったナオミ・ミッチソンの孫、そして遺伝学者J・B・S・ホールデンの妹の孫）は、おそるべき数学的な頭脳をもっていた（またクリックには強く伝えていなかったが、登山への無尽蔵の情熱ももっていた）。クリックは、かつてジェイコブ・ブロノウスキーがいたソークの一階角のオフィスに腰をおろし、最新の発見について調べ、ミッチソンを下の階の研究室に送りだし、そこの実験家たちにしつこく質問させた。そして、ミッチソン自身にも自分と議論をする準備をさせた。さすがに朝早く仕事に来ることはなくなったが、クリックの読書癖は相変わらず、勤勉で徹底的だった。午前半ばに現れて、ハンググライダーが崖の上を飛びかうのを見ながら、戸外にあるソークの食堂で、普通はミッチソンやレスリー・オーゲルと、長々と居残って昼食をとった。二年間一緒に仕事をし、クリックとミッチソンは二つのアイディアを出した。一つは、向きをつけられた軸索突起の格子が、ヒューベルとウィーゼル式の向きの検出問題をどのように解決できるのかということで、もう一つは、夢についての理論だった。

一九八三年に『ネイチャー』に掲載された彼らの夢理論に関する後世の判断は、ひいきめにも玉石混淆レベルだった。彼らの理論は、脳で同時に起こる活動のうち、必要でないか、あるいは「寄生的な」パターンは消去されるというもので、ニューラルネットワークをまねたものだった。もし脳がこれと同じであれば、夢はある種の学習消去を表しているのかもしれない。つまりは、急速眼球運動（REM）睡眠中に寄生的なパターンを求め、消し去ることによって、その情報をこれからも脳に残らなくする特別な機構である。「もっと緩く言えば、REM睡眠中において、われわれは無意識的な夢を忘れるのではないかと思う」。クリックには珍しく、理論に大きな欠点があった。試そうにも不可能だったのだ。

クリックは、その頃、お気に入りの二人の哲学者を見つける。ポールとパトリシア・チャーチランドである。二人とも、ソークからわずかな距離にあるカリフォルニア大学サンディエゴ校にいた。神経科学などまったく存在していないかのように、心について抽象的に議論し続けている仲間たちの哲学を、彼らは厳しく非難していた。チャーチランド夫妻の物質主義は、クリックの耳には音楽のように響き、ソーク研究所を説得してパトリシア・チャーチランドをフェローにする。すぐに、彼女とクリックは嬉しそうに議論を始めていた。「彼は私たちに、どのように理論化するかを教えてくれた」と彼女は言う。「ただ推論をほのめかすのではなく、現実に、詳細な仮説を生みださなければならなかった」。クリックは、気力横溢な心理学者V・S・ラマチャンドラン、続いて、才気あふれる計算神経科学の専門家テリー・セジュノウスキーを、しっかりと議論のメンバーに加えた。イエスマンばかりの幸福はなかったが、クリックは当時最も才能のある人たちを、自分の周りに集めていた。

一九八三年、クリックは、ラマチャンドランとカリフォルニア大学アーバイン校の物理学者ゴードン・ショーとともに、視覚研究の開拓者だった一九世紀の物理学者の名にちなんで、ヘルムホルツクラブを創設した。そのクラブの目的は、脳について月一回議論することだった。クリックは、討論の中心人物になった。会合はラホヤとパサデナのほぼ中間にあるアーバインで行われた。レストランでの昼食で始まり、午後を通して行われ、クリックが勘定を払って終了を迎えた。クリックがクリストフ・コッホと再会したのも一九八五年の会合であり、コッホはすぐにカルテックに移った。クリックはすでに二年前に、視覚の「注意」に関する尋問（それ以外に呼び方がない）をするために、コッホを一週間、MITから飛行機で呼び寄せていた。二人はちょうどその問題を議論する論文を出版したところだった。会合の後、お互いにレストランのテーブル越しに、幸せそうに大きな声でこう議論しはじめた。コッホが力説したように、視覚は一〇年で解明されるのか、あるいは、もっと時間がかかるのか。クリックは自分自身の若い頃の何かを、コッホの強烈さと自信の中に見出していた。おそらく、コッホは、彼が探していたパートナーだった。コッホはもとは物理学者であり、現実の実験や脳の具体的な部分に興味をもっていた。かつてブレナーやワトソンに振られた役割がコッホに与えられた。そのことをコッホ自身は認識することはなかった。だが、コッホはクリックの主たる会話の相手としての役割を、その後一八年間も演じることになる。クリックとコッホが取りくんだテーマは意識そのものだった。

第13章　意識

クリストフ・コッホは一九五六年にアメリカ中西部に生まれ、学校を卒業するまでに、オランダ、ドイツ、カナダ、そしてモロッコに住んだ。テュービンゲンで学びＭＩＴに勤めた後、一九八六年にカルテックの教授に任命された。若い頃のクリックのように、コッホはカラフルなベストを着ていたけれども、多くの点で二人は見事に異なっていた。コッホは熱狂的にランニング、ロッククライミング、科学小説、そしてカトリックの信仰に耽溺していたが、クリックにとってはどれもつまらないものだった。しかし二人とも、神経科学については純粋に意見が一致し、議論を楽しんだ。そして一九八六年の会合以降、一八年以上にわたって、とても親しい友だちになった。コッホはよくクリック夫妻の家に滞在した。その年、クリック夫妻は庭とプールつきの平屋に移り住んだ。ラホヤの丘の上に位置した、静かな行き止まりのコルゲートサークルにあった。コッホは深夜や早朝にも、クリック家の冷蔵庫を勝手に開けて中の物を取りだせる関係だった。グラナダテレビが、ジェレミー・ブレットを知的で超英国的な探偵として主役にすえ、シャーロック・ホームズのシリーズ番組を制作したとき、コッホはいやおうなくクリックを連想し、一緒に見ようと誘った。クリックは応じなかった。

歳が離れていても、師匠と弟子の関係ではなかった。二人ともが理論を提唱し、二人ともが草稿を書いていただろう。だが年月が経つにつれ、いつしか主導権はコッホに移り、クリックは扇動者から、むしろアドバイザーの役割に退いた（クリックは亡くなる少し前に、「注目してるよ！」というサインをつけて、自分自身の大きな写真をコッホにわたした）。二人が共同研究を始めた頃はまだ、科学者たちが意識を直接的に研究してはいなかった。普通の科学者は、意識についてあれこれ言うことを哲学者と変人に任せていた。意識の実験を行う研究費を獲得することはおろか、応募することを夢見る神経科学者も皆無だった。「そんな臆病さは馬鹿げていると思う」と、一九九二年にクリックとコッホは書いている。ちょうど意識と同じように、ＤＮＡの構造が現れる前には、生命は捕まえどころのない概念に思われていた。しかし「遺伝子」がそうだったように、意識が悪名高く、定義するのが難しいからといって問題にはならない。彼らが言うように、唯一の賢明な方法は、「新しい考え方を必要とするジレンマに直面するまで、実験的な攻撃を強行すること」だった。意識的に何かを見たり、想像したりするとき、明らかに脳のどこかで何か別のことが起こっているのである。それは何か？

七〇代という年齢で、コッホとともにこの探求に着手したとき、クリックの望みがどれほど高尚なものだったかは計りしれない。彼はＤＮＡとの類比は誤っているかもしれないと悟った。生命の中心に単純なものが存在したのは、生命は必然的に単純にスタートしたからだった。二重らせんは、より初期の、単純な時代から残されてきた。対照的に脳は意識になる前ですら、すでに複雑な器官だった。それにもかかわらず、クリックは、遺伝子のときに使ったのと同じ還元主義的なアプローチをとっていた。「神秘主義者」が出す数多くの反論も、クリックにはよくわかっていた。意識は抽象的なものであり、分散されたものであると彼らは言った。意識が取りだされたとしても、必ずしも、意識がよりよく理解されたというわけではないだろう。それはまさに、クリックたちが遺伝子について言っていたことでもあった。

クリックとコッホは視覚に固執した。たいていの人にとって、視覚は「無意識的に」自動的なものだ。だが、それは流行遅れのデカルト的二元論によって誤解させられていたからだった。自我、魂、あるいは、小人〔ホムンクルス〕が頭の中にあって、目は伝えるだけという誤った考えがあったのだ。単にわれわれの目で世界を写真に撮ることが、目に見えることではない。誰がその写真を眺めるのか？ 脳のどこかに、像の形態としてではなく、像を象徴的に「理解する」形態として、視覚の世界のかわりとなるものがあるにちがいない。自我は、ほかの言葉で言いかえれば、ニューロンそのもののつながり方が変化したものである。そして視覚は、受動的ではなく能動的な過程である。目によって受けとられたものの解釈を構築することである。

クリックの気に入った出発点は、ネッカーの立方体のような、単純な視覚の錯覚だった。つまり、二つのまったく別個の角度から見た三次元の立方体として知覚されうる線画である。このように「多安定」〔幾通りもの解釈がありうるもの〕として出発するけれども、二つの解釈の間で、人の心をパッと交換することもできる。解釈は心が生みだすものなのだ。図形は変わらなかったが、その図形に対する意識的な知覚は変わった。もし、そのような単純な転換が起こったときに、心の中で何が変わったのかを見つけることができれば、意識に近づくであろう。

クリックとコッホは、これを意識の神経相関、あるいは、ときには意識のニューロン相関（NCC：neural (or neuronal) correlate of consciousness）と呼んだ。一つの場所だけにとどまらない、脳活動のパターンが、いつも意識的な考えと合致しているのだ。必ずしもそれを自分たちで探そうとしていたわけではなかった。科学論文を徹底的に調べ、ブレーンとなる実験家を選び、前途有望な実験の方向に動かすのだ。神経系のいくつかの部分は意識的でないと明言できると主張することからはじめた。たとえば網膜は、明らかに、自分自身に視神経の盲点があるという事実に気づいていない。ニコス・ロゴテティスが、警戒したサルを使った実験で証明したように、脳の視覚系の一次視覚野（V_1）は意識的になりえない。サルの片方の目に上に動く像を、もう片方の目に下に動く像を見せた後、下への動きと上への動きに対し別々に反応するように訓練すると、サルは二つの間の変化を「知覚」したようだった。しかし、一次視覚野は、サルが知覚したものではなく、それぞれの目が見たものに反応した。

これこそクリックが欲していた難しい実験結果の類いであり、こうやって意識的な知覚を反映するところだけが残されるまで、神経生理学者が少しずつ脳の異なった部分を排除していくことを望んだにちがいなかった。ロゴテティスは、結局は「見た」ものより、むしろ「知覚した」ものに反応するサルの脳のニューロンを見つけるまで、この技術をさらに押し進めた。だが、単一の細胞ではあまりに情報が乏しかった。意識的な知覚が脳細胞の中で伝えられることだけは証明したが、どのように、あるいは、どこからかはわからなかった。神経科学者からの脳障害の影響についての報告によって、さらなる手がかりがもたらされた。一九八六年、クリックはある会議でオリバー・サックスに会い、「詳しく話して!」と頼んだ。サックスがそれぞれの病歴を語ると、あふれんばかりの仮説が生まれた。「私はそのような灼熱した気持ちを感じたことは決してなかった」とサックスは後日書いた。何年か後にクリックは、ロサンゼルスの脳神経外科医イツァーク・フリードから連絡をもらった。彼の患者は、ひどいてんかんの発作で脳手術を受ける人たちだった。コッホは、フリードとの共同研究で、手術中の患者の脳の単一細胞から出る信号を記録した。意識的な知覚に反応する細胞を発見できた。たとえば扁桃体にあって、ビル・クリントンの相異なる三枚の写真には反応するが、ほかの大統領や有名人には反応しない細胞である。この細胞は「ビル・クリントン」という思考を支えるネットワークの一部になっていた。

一九九〇年代のはじめ頃、クリックとコッホは、リズミカルに同期しているネコの視覚系のニューロンによる発火が意識の鍵であるかもしれないという、クリストフ・フォン・デア・マルスバーグの提案に興奮していた。この四〇ヘルツの振動は、おそらく錐体ニューロンで起きており、同じ知覚に対する、脳の異なる部分の「結合」活動かもしれない。「位相が固定された振動は注意の細胞的表現である」と、一九九一年に宣言した。しかしNCCの特異的な仮説に到達間近というだけだった。数年のうちに、この仮説が巻き起こした熱狂さえもすっかり冷めていった。一九九四年の『驚異の仮説』で、クリックはどのようにとか、どこでということを示すよりも、意識はいくつかのニューロンの特性として存在しなければならないという原理を正確に納得させたかったのだ。『驚異の仮説』の大部分は、脳の視覚系についてのすっきりした議論から構成されていて、衰えを知らない彼のあらゆる能力が、事実を集め、籾殻から穀粒を分離していた。同時に、何か非物質的な別のものが自我の根源にあるという二元論者に対する強力な論争の種も孕んでいた。確信的なマニフェストで始まる。「驚異の仮説とは、『あなた』、あなたの喜び、悲しみ、記憶、野心、個人的なアイデンティティの感覚、そして自由意志が、実際、神経細胞や関連する分子の膨大な集合体の振る舞いにすぎないということだ」。そして、次のようなスローガンで締めくくられていた。「意識の問題に、科学的に取りくんでいく意義はきわめて大きい。唯一の問題は、どのようにそれに取りくみ、いつやるかということだ。私が強調しているのは、われわれはそれを今こそ追求すべきだということである」。

この議論は、クリックの最初の本の内容によく似ており、心はそのような衝動が現れでたものであるという生気論を攻撃していた。クリックにとって、心をニューロンの集合体に還元することは、神秘や畏怖を取り除くどころか、崇高でわくわくする探求だった。過去の神話に執着するより、ずっと好ましい。クリックも七八歳にして、神秘学と宗教に対してもひょっとしたら考えが丸くなり、心地よい全体論に手を伸ばしたり、パスカルの賭けさえも受け入れたりするかもしれないと期待していた人たちは、失望することになった。クリックは、ダーウィンのように、死の床でのみ特定の宗教的信仰をもつ人物だという噂が流れたが、これは二人のいずれについても間違っていた。「過去に、宗教的な信仰が科学的な現象を説明している記録はきわめて少なかった。ならば将来、因襲的な宗教が、これまでよりもずっとよい説明をすると信じる理由はない」。いまだに真実に対する若い情熱によって燃え立っている男の本だった。

この本の功績は、意識を議論することが決して恥ずかしいものではないという素地を作ったことだった。意識の問題にはニューロンを基盤とした徹底した研究が必要であることを、クリックは高らかに謳った。そして神経科学者たちは、意識の周りを忍び足で歩かなくてもよくなったのだ。たしかに彼がこの変革を加速させはしたが、時代の要請だったのかもしれない。この数年で、別の専門分野から意識について取りくんできた唯一の科学者がクリックだった。免疫学の分野でノーベル賞を受賞したジェラルド・エーデルマンと、オックスフォードの数理物理学者ロジャー・ペンローズは、一九八九年に、意識を説明することを意図した本を出版した。二年後に、哲学者のダニエル・デネットはずばり『解明される意識』〔邦訳青土社〕というタイトルの本を出版した。クリックには、なわばりを主張する猛獣のような傾向がいくらかあって、この三冊をかなり容赦なくやっつけた。エーデルマンのニューロングループ選択理論をおもしろいけれども不十分だとみなし、著者を「明確さよりも、ただあれこれと次々出してくることで有名な熱狂家」と評した。量子重力に基づいた新しい物理学の形態が意識を理解するのに必要とされるだろうというペンローズの議論も捨て去った。もちろんペンローズの本を徹底的に読みこみ、ペンローズと十分にやりとりしてからだった。「彼の議論の根底には、量子重力は神秘的であり、意識は神秘的であるから、もし一方がもう一方を説明できれば、素晴らしいことではないかという考えがある」。デネットは主観的な意識は幻覚であると議論したが、クリックはデネットを、自分自身の巧みな言葉で無理に説き伏せられているだけだと評した。

クリックが、意識の分野で戦ったほかの猛獣は、才気に長けたこの分野の牽引者である心理学者リチャード・グレゴリーだった。グレゴリーの冗談や錯視にのめりこむ様子に接し、クリックは彼をそれほど重大な人物ではないと特徴づけたのだろう。脳内の現象を、グレゴリーが喩えを使ってふざけて議論していることは、クリックに言わせれば手に負えないブラックボックスの学校というべきものだった。一九九〇年頃のヘルムホルツクラブでは、クリックが単刀直入にグレゴリーの考えは認めないと言い、ずっと野次り倒したので、しばらくセミナーを進められなかったこともあった。クリックは、脳機構の喩えには意味がないか、あるいはもっとたちが悪いと信じていた。真のニューロンの現象はただ記述されなければならない。グレゴリーは、電気回路と同じくニューロンの現象もそれ自身を語るだけでは説明できず、機能を概念のレベルで明らかにしなければならないと返答した。この点は、一九七九年のマーの指摘と同じだった。別の機会には、二人は、鏡を見るとき、左と右がひっくりかえるのに上下はなぜひっくりかえらないのかについて、意見があわないこともあった。たいていの子どもが親に「なんで？」とせがむようなことに、高名な人物が二人して熱中している姿は、たくさんの笑いを誘った。

これはクリックの丁寧さが裏目にでた珍しい事例だ。分子生物学でそうであったように、神経科学においても、丁重で、素晴らしくユーモアがあり、そして謙虚であるとの評判が高かった。難しい質問をするかもしれないし、難しい答えを迫るかもしれないが、彼の動機は、打ち負かすためではなく、理解するためだった。何かを理解する自分の能力をうぬぼれ気味に過信していたが、自分が理解したと早まって信じることはなかった。クリックはすべての人に同じように話した。もし誰かが何かおもしろいことを言えば、クリックから全面的な注目を浴びた。もしいい加減な考えをさらすようなことを言えば、単刀直入にそれを指摘された。「誰かが馬鹿げた発言をするのを二〇分間ぐらいは耐えられる」とクリックはかつて言った。「二〇分までなら私はとても我慢強くいられる」。意識に興味があることを知られ、彼のもとには、変人、ニューエイジの哲学者、神学者、そして全体論者から、無数の手紙や論文が届いた。それらを丁寧に、しかし自分は発表された論文しか読めないと言って、断固受け流した。

一九九一年一一月、クリックは芸術界や科学界から選ばれ、定員二四名の名誉あるイギリスのメリット勲章を受賞するように女王から招待された。このときは「価値（merit）」が強調されたので、王室の任命を受け入れた。加えて、神嫌いはかつてより強くなっていたけれども、王室への毛嫌いは少なくなっていた。受勲者は、数年おきにバッキンガム宮殿で女王と昼食をともにした。クリックとオディールは、一九六二年には避けた君主にとうとう一度だけ会うことになった。一九九〇年代のはじめまでクリック夫妻は毎年夏にイギリスを訪れ、ロンドンでどの劇を観たらよいか、ピーター・ローレンスにしきりに尋ねた。カリフォルニアには劇場がなく、クリックがほんとうにさみしく思ったことだったので、ロンドンにいるときには舞台をたて続けに観たりした。だが、一九九八年にドイツへ行く途中でロンドンに短く立ち寄った以外、一九九四年以降、イギリスに旅することをやめた。彼とオディールは、一九九〇年代のはじめ、ラホヤの約一〇〇マイル東にあるボレゴスプリングス近くの砂漠に土地を購入し、クリックが設計して家を建てた。砂漠のガーデニングにはまたちがった技能が必要だが、非常に熱心に取りくみ、少しずつ乾燥に強い植物のコレクションを築いていった。砂漠の光を愛し、日の入りを見る特別な場所をこしらえた。もし暑すぎなければ、時折パームキャニオンオアシスまで三マイルの散歩をしたものだった。

一九九五年、マイケルの四人の子どものうち、クリックの二番めの孫娘キンドラがラホヤで夏を過ごし、ソークで働いた。その間に彼女は、生物学をプリンストンでの自分の主専攻にするかどうかを決めた。彼女は祖父母がもう七〇代の後半なのに、「気が若く、楽しい」ことに気がついた。フランシス・クリックはいつも現実的であり、いつも笑う機会を探していて、いつも新しい考えに興味をもっていた。キンドラに、図画のレッスンをとり、オディールと一緒にスケッチをするように勧めた。その夏、クリックはしょっちゅうプールで友だちと昼食をとり、それから午後四時に水泳をした。キンドラは肉を食べず、フランシスはバターや油がだめだったので、オディールの伝説的な料理も根負けして、夕食は映画や展覧会の後のインド料理や寿司屋への探検になることもあった。家に戻って、遅い日は夜一〇時まで読書をし、それから本を閉じ、おやすみの時間だと言った。旧友や同僚がときどきやってきては滞在した。かつてクリックの秘書であり、オディールのモデルでもあったアリソン・オールドが（二人の仕事にとって器量がよいことが主たる条件だった）、一緒に夕食をとりながら、興味のある透視についてなにげなく話をしたことがあった。すると、彼女の朝食のテーブルのそばにはたくさんの本があり、関連する一節にはきちんと印がつけられていた。

一九九四年、ソーク研究所の所長が突然辞任し、クリックはその職を引きうけた。この仕事は楽しくないと認めざるをえなかったが、研究所の財政問題に熱心に身を投じた。しかし健康問題から一年後には所長を辞することになった。心臓病と診断され、一九九五年一一月九日、六本の動脈をバイパスし、大動脈を取りかえる大手術を受ける。気分はとても揺れ動きつつも、順調に回復していった。「引退」につながるいかなる考えも即座に打ち消された。読書、会話、議論、そして執筆をできるだけ多く続けた。頻繁に旅をし、気晴らしすることも、管理も、もう過去のものになり、彼の生活は、ある意味でＤＮＡ以前のパターンに逆戻りした。一日中そして毎日、科学の詳細について討論できる仲間の小宇宙に住んだのだ。自分の洞察から出発して到達したという超然とした誇りをもって、ミレニアム年にヒトゲノム配列解析の完了を見届けたが、ゲノムをめぐる討論には加わらなかった。

彼は、ただ考える時間を保つためだけだとしても、自分のプライバシーを守った。「私はコミュニケーションに反対している」と軽口を叩いた。「なぜなら、私がコミュニケートしたい人よりも、ずっと多くの人が私とコミュニケートしようとしているからだ」。学生向けの講演をするために公衆の前に現れるのは稀だったが、クリックという名前は非常に多くの人を引きつけた。一九九四年にロンドンで『驚異の仮説』を公表したときには、ウェストミンスターのメソジスト派の中央ホールが二〇〇〇を超える人で埋まった。また、サインを求める人たちにも囲まれていたが、ソーク研究所に一〇〇ドルの寄付をした人だけが実際にサインをもらえた。二人のサインが入ったワトソン‐クリックのオリジナル論文の写しに価値がついて、論文の別刷りを二人に送って（図書館の巻からそこが切りとられたこともあった）サインをもらい、売ろうとする輩もいた。ワトソンとクリックは写しへのサインを拒否して、あやうい金稼ぎから距離をおいた。

二〇〇一年、クリックは、自分の論文の完全なアーカイブを科学者のアル・セッケルに売ることに関して、口頭での合意に達した。セッケルは、科学者の個人的な論文を収集するために、金持ちの稀書ディーラーであるジェレミー・ノーマンと一緒に仕事をしていた。しかし、クリックは、見知らぬ作成者の名が書かれた契約書を目にしたとき、不安になった。息子のマイケルも、サインをしないように説得した。ジム・ワトソンはこの事態を耳にすると、すぐにウェルカムトラストに話をし、ウェルカムに論文の購入を申しでてはどうかともちかけた。短期間の入札の後、ウェルカムは英国遺産宝くじ基金から五〇パーセントの補助金をえて、カリフォルニア大学サンディエゴ校に写しを収蔵するという合意とともに、一ダースのファイルキャビネットいっぱいのクリックの全論文を二四〇万ドルで購入した。セッケルはもっと出すと申しでたが、しかしウェルカムの額でさえ、存命中の科学者の論文に対しては前例のない破格の値段だった。

二〇〇一年四月、結腸癌が見つかったときもクリックはたじろがなかった。検査結果が陽性だったことを伝える医者からの電話に出たときには、クリストフ・コッホが一緒だった。クリックは受話器を置き、少しの間、空間をじっと見つめ、何事もなかったかのように読書を開始した。少し経ってから、コッホに電話の内容を語った。メロドラマはありえなかった。彼の病気は、宇宙についてのもう一つの事実にすぎない。医者たちは治療法を事細かく尋問される覚悟をしたが、クリックは自分の医学的な問題について、他人に決してくどくどと論じはしなかった。

大きなブレイクスルーは来なかったが、クリックの意識に関する考えは、一九九〇年代後半に進化した。そして二〇〇二年に、もし答えがないとしても、彼にとっての問いの最終的な枠組みを準備した。翌年、コッホと共著で「意識の枠組み」という論文を出版し、分子生物学で暗号を解読する前に配列の仮説が必要だったのとちょうど同じように、神経科学でも詳細な理論ができる前には枠組みが構築されるべきだという、何年も前と同じ叫びを響かせた。クリックとコッホは、一〇の原理を提示したが、その中心原理はニューロンの競合的な連合という考えであり、成功にいたる連合はなんとかして「意識」に入りこむか、あるいは、「意識」を統合しているというものであった。脳の前方は、むしろ神話的な小人（ホムンクルス）がスクリーンを見ているかのように、主として脳の後方からの感覚性の出力を「見ている」ので、少なくとも二種類の連合があるだろうと語った。注意とは、ニューロンの連合の間の競合を一方に偏らせる仕組みにちがいない。NCCは、動きの「スナップ写真」と半意識連合のぼんやりした部分をもち、ある一時においては、きわめて少ないグループのニューロンからなりたっているかもしれない（おそらくはたった数万ニューロン程度）。たぶん脳の後方から前方に向かって突きだしているニューロンによって構成されている。その枠組みはある種の仮説にはなった。しかし、クリックが最初に認めたように、詳細に迫るにはほど遠かった。

まもなく、クリックの癌が広がったことがわかり、化学療法が必要になった。二〇〇三年が近づくにつれて、また、その年の二重らせん発見五〇周年記念日を前に、友人たちは、クリックが五〇周年を迎えられないのではないかと懸念しはじめた。だが五〇周年は無事迎えられた。ヒトゲノム計画に加え、ＤＮＡが聞き慣れた言葉になったこともあり（ワトソン曰く、主としてＯ・Ｊ・シンプソンやモニカ・ルインスキーのおかげで）、五〇周年の記念日は、二〇周年や四〇周年のときよりもずっと大きな注目を浴びた。クリックは元気に、メインイベントにビデオメッセージを送ったが、記念日当日には、たった二件のインタビューしか公式には承諾しなかった。その中で、あてにならない回想の無益さを強調した。もっと重要なことは人びとがそのとき書き留めたことであると、強く主張したのだ。祝賀ははるか昔のできごとになっていた。重要だったのは、その分子であり、それを発見した人ではなかった。

化学療法で弱ってしまい、具合は悪かったが、クリックは二〇〇三年を通じて、できるだけ一生懸命働き続けた。翌年もそうだった。ソークに行ったり、あるいは人を家に呼んだりした。調子のよい日もあれば、悪い日もあったが、まだその目で読書をし、まだその脳で思考をめぐらせていたので、働かない理由はなかった。クリック家のダイニングルームのテーブルは、きちんと積まれた論文の山の下に埋もれた。オディールは五五年間そうしてきたように、昼も夜も、クリックが心地よく過ごすのを見守り、家に立ち寄る友だちの流れを見守った。彼女か、あるいはクリックの助手のキャサリーン・ムーライが治療のために病院に連れていった。痛みのためにゆっくりだったが、クリックは歩いて入ると言い張り、車に戻る前にはステッキを振り動かしながら、「ジェームズ、わが家へ急げ」

〔「カジノ・ロワイヤル」のサウンドトラック盤に収められている一曲〕と声をあげた。

もう一つ、アイディアを出す時間があった。二〇〇三年後半、クリックは、前障と呼ばれる脳の不明瞭な構造に取り憑かれた。脳の奥に位置している薄い一枚の単純なニューロン組織である前障が最大限に結合されていることを、彼は長い間知っていた。前障は、大脳皮質や視床のすべての部分からメッセージを受けとり、それらへメッセージを送ったりしている。研究を進め、前障の構造と活動について存在する証拠に触れるにつれて、徐々に、前障が意識の驚くべき特徴（統合された統一性）の源であるかもしれないと信じるようになった。「あなたは、孤立した知覚表象を知るのでなく、一つの統合された経験を知るのである」と書いた。「バラを持つとき、あなたは、あなたの指に、茎の手触りを感じながら、その香気を嗅ぎ、赤い花びらを目にする」。しかし、匂い、視覚、手触りは、脳の非常に離れた部分で処理されている。何かがそれらを統合し、同時に作動させ、あるいは「結びつけ」なければならない。前障には、多様な結合と、単純な構造と、均一化したニューロンがあり、「異種のできごとを一つの知覚表象に結びつける」ために、理想的な場所にあるように思えた。だが、前障が何のためにあるのかについての証拠はほとんどなかった。とても薄い構造で、ほかのいろいろな組織と非常に近い位置にあり、前障だけを一撃で、もしくは慎重にでも破壊することはほとんど不可能だ。そのため前障なしの脳がどのようなものかはわからないままになっていた。クリックは、脳のある部分にだけ発現している遺伝子を見つけだす最新の分子生物学の技術が、すぐに前障のある特異な分子記号を明らかにすることを期待した。しかし同時に、それを試みようとする人が誰もいないことも知った。二〇〇四年七月一九日月曜日、ダイニングテーブルの論文の山に囲まれて、精神的には頭脳明晰だったが、肉体的には弱っていく中で、自ら最初の手書きの草稿を書きあげた。その最後の言葉は切迫していた。「もっと重要でありうるのは何か？　だとしたら、なぜ待つのか？」。

一週間後の七月二六日月曜日の午後、クリックは病院に運ばれた。火曜日に、前障についてのタイプされた草稿を修正した。七月二八日水曜日には、さらに少しだけ仕事をした。しかし理路整然としていられなくなり、朦朧とした意識の中でクリストフ・コッホと前障の議論をしているようだった。その日の午後、彼はオディールとともに腰をおろした。医者が呼吸を楽にする難しい処置を始めたとき、彼女は部屋を出た。三〇分後、クリックはとうとう意識を失った。その夜の七時少しすぎに、クリックは息を引きとった。

エピローグ

驚異なる仮説家

フランシス・クリックは荼毘に付され、遺灰は太平洋に撒かれた。八月三日、彼の家族やソークの同僚が研究所での追悼式に集まり、友人と家族からの短い賛辞が次々と贈られた。九月二七日、彼の生涯を記念して、ソーク研究所で公開の式典が行われた。暑く、風の強い日で、ハンググライダーがソーク研究所の美しい基壇の後ろの空をひっかくように飛んでいた。ソーク研究所の所長リチャード・マーフィーは、クリックを、すべての時代でないにしても、二〇世紀で最も偉大な生物学者と称えた。シーモア・ベンザー、アレックス・リッチ、アーロン・クルーグ、そしてシドニー・ブレナー、それぞれが、分子生物学の全盛期にクリックとともに仕事をしたことを思いだした。ジム・ワトソンは彼を、分別のある、現実的な、決して退屈しない、ゆらがない、そして「私が知っている一番偉大な人物」だと述べた。クリックの研究人生後半の関係者としては、トミー・ポッジオ、パット・チャーチランド、V・S・ラマチャンドラン、そしてテリー・セジュノウスキーが、神経科学における知的な寛大さと情け容赦ない論理について言及した。クリストフ・コッホは、不屈ともいえる最後の日々を思い起こした。そして、息子のマイケルは、「なんでフランシス・クリックは口うるさくなったのか?」という問いを投じた。その答えは、彼が有名になることも、裕福になることも、また、人気者になることも欲しなかったからだ。ただ生気論の棺に、最後の釘を打ちたかったのだ。マイケルは、生気論という言葉はマイクロソフトのワードが認識しないということを付け加えた。「フランシスに一本取られた!」。

その発見の重要性によって、フランシス・クリックは、やがて、全時代を通じて偉大な科学者の一人として、ガリレオ、ダーウィン、そしてアインシュタインと一緒に並び称されるにちがいない。彼らのように、世界に不意打ちを食わせるような偉大な真実を発見した。クリックの場合、それは生命の性質だった。彼らのように、一つだけでなく多くの発見をした。彼らのように、新しい専門分野を丸ごと生みだし、その分野を支配した。しかしクリックは、これらのどれも自分一人ではなしとげていない。彼自身の才能は、彼ら偉大な科学者たちの仲間に入るに値するだろうか? それとも、ちょうどいいときにちょうどいい場所にいたにすぎないのだろうか? 彼は、ジェームズ・ワトソンとともに、DNAが線形のデジタルな情報保持装置として、どのように振る舞うのかを見た最初の人物として、いつまでも語られるだろう。この発見は、将来の医学、技術、そして科学に対する莫大な可能性に富んだ、まったく予期しない結果だった。だが、ある意味では、彼の業績をきわめて過小評価している。なぜなら、彼はその暗号がタンパク質の暗号であり、DNA分子に沿って連続的に六四の三連文字という「言葉」で綴られて、それらの言葉がすべての生物で本質的に同じ普遍暗号になっているというところまで発見しているのだから。タンパク質合成のほとんどすべての装置(アダプター、メッセンジャー、三連コドン、ゆらぎ、終止コドン、配列仮説、セントラルドグマ、遺伝暗号表そのもの）は、彼（とブレナー）の洞察と実験の極印がついている。今日、生物学はDNAの暗号を読む能力から、多くの新しい力を引きだした。そして、タンパク質結晶学、クロマチン構造、胚発生、さらに神経科学へのクリックの貢献は、言うまでもないことである。

これらすべてを、中年期に入ってからゼロ発進でやりとげたことを考えると、かえってますます、彼が若い頃に凡庸だったことが謎である。先生たちには単に賢いとしかみられなかったが、熟達した同僚たちからは広く天才と思われた。彼をそんなにも成功させたのは何だったのか？　高邁に数学的に飛翔しているからでも（これらについてはクライゼルやグリフィスと話をした）、形而上学の複雑性に入りこんでいるからでも（彼にその時間はなかった）、言葉で流暢に説得できるからでもなかった（彼はよい書き手であったけれども）。三次元のトポロジーを視覚化する能力は、注目すべきであり、おそらくほかに類をみないレベルだった。しかし、そのほかの点では、ある意味、知性に関しては平凡で単調であり、どの「事実」を除外するべきか推測し、残りを道理にかなった型に組み立てるといった、実用主義的で常識的な合理性に立脚していた。レスリー・オーゲルは、彼を「強烈に、知的に、組織化されている」と述べた。孤独なひらめきではなく、会話と議論の知性だったのだ。「会話は彼にとって最も重大な刺激だった」とシドニー・ブレナーは言う。洞察もそれほど楽々とはやってこなかった。彼はたしかに、ときどき移り気な思考をしたが（ラマチャンドランはクリックが科学へ近づくときには「遊び好きだけれども情熱的」だったと言っている）、自分の宿題をやることに対しては桁外れの欲望をもっていた。グラエム・ミッチソンは、「長期間にわたり、一つの問題を解こうと苦心する、疲れを知らない粘り強さ」を思いだす。アーロン・クルーグは、最高につまらない論文まで読もうとするクリックの寛容さにひどく驚かされた。クリストフ・コッホは、クリックが二時間休みなく読書している姿をよく目にした。クリックは亡くなる少し前に、昔は八時間集中できたが、八〇代になりせいぜい六時間しか集中できないと、シーモア・ベンザーに語っていた。

フランシス・クリックの天才性は、狂気に近い種類のものではない。風変わりでさえなかった。論理を用いて、自然のパズルを絶妙といえるほどうまく解けるように自分の知性を訓練し、最大の問題を相手にする勇気をもち、そして決して偏見が理性の邪魔をしないように、熱狂的に、自分自身を大きな問題に投げ入れた。生涯を通して、意気軒昂に、饒舌に、魅力的に、懐疑的に、粘り強く自分自身に忠実であり続けた。そうして意識の中心地を見つけ、宗教が退却するのを見たかったのだろう。だが彼は生命を説明することで終了しなければならなかった。

情報源と謝辞

記憶しているものよりもむしろ、記録している証拠の方が信頼できるという、フランシス・クリック自身の助言に従い、私は、ウェルカムトラスト図書館の彼の論文コレクションから、多くのことを学びました。彼の手紙、講演ノート、そして論文の草稿のいくつかは、今インターネット上のhttp://profiles.nlm.nih.gov/SCで見ることができます。クリックの一五〇報以上の出版論文は、単一の巻として集められているわけではありませんが、多くの草稿はウェルカムのコレクションにあります。出版されている情報源に関して言えば、海軍の磁気機雷と音響機雷の話は、オディール・スピードの上司の一人であるアシェ・リンカーンの回顧録『海軍秘密調査官』(Secret Naval Investigator)によく語られています。ロバート・ドゥーガルの回顧録『常識と非常識のはざまで』(In and Out of the Box)は、モスクワへの探検について伝えています。分子生物学の歴史は、ロバート・オルビーの『二重らせんへの道』(紀伊國屋書店、The Path to the Double Helix)とホレス・フリーランド・ジャドソンの『分子生物学の夜明け』(東京化学同人、The Eighth Day of Creation)、そしてもちろん、ジェームズ・ワトソンの『二重らせん』(講談社、The Double Helix)に書かれています。ほかの有益な情報源は、ピエルジョルジョ・オディフレッディの『クライゼリアナ』(Kreiseliana)、シドニー・

ブレナーの『エレガンスに魅せられて』（琉球新報社、My Life in Science）、ヴィクター・マクエレニーの『ワトソンとＤＮＡ』（Watson and DNA）、ブレンダ・マドックスの『ダークレディと呼ばれて』（化学同人、Rosalind Franklin）、ジェームズ・ワトソンの『ぼくとガモフと遺伝情報』（白揚社、Genes, Girls, and Gamow）、そして、その他の多くの本です。クリック自身の本としては『分子と人間』（みすず書房、Of Molecules and Men）、『生命』（新思索社、Life Itself）、『熱き探究の日々』（ＴＢＳブリタニカ、What Mad Pursuit）、さらに『ＤＮＡに魂はあるか』（講談社、The Astonishing Hypothesis）があります。意識についての彼の考えは、クリストフ・コッホの『意識の探求』（岩波書店、The Quest for Consciousness）によく反映されています。

しかし、私は書かれた言葉だけに頼ることはしませんでした。クリックの家族に、この本を書く間に受けたすべての援助に対して心から感謝します。オディールは、長いインタビューや書面での質問に対する返事に加え、可能なかぎりのあらゆる励ましを私にくれました。マイケル（とバーバラ）、ジャクリーン、キャンベリー、そしてキンドラ・クリックは、皆、ほかでは聞けない父親や祖父の思い出を、惜しげもなく分け与えてくれました。

ジム・ワトソンは、インタビューで、個性的に、率直に、彼自身の記憶を呼び起こしてくれたのに加え、初期の手紙をたくさん私に見せてくれました。ゲオルク・クライゼルは、何回もの会話や手紙を通して、何十年も前のできごとを思いだしてくれました。クリストフ・コッホは、インタビューや頻繁なＥメールのやりとりで、クリックとの近年の親密な関係を思い起こし語ってくれました。シドニー・ブレナーへのインタビューは素晴らしく、何もかも話してくれました。長いインタビューや、Eメールでのしつこいお願いを受けてくれた、クリックのほかの友人や同僚の中には、スチュワート・アンスティス、マイケル・アシュバーナー、スーザン・ブラックモア、ヴァレンチノ・ブライテンベルグ、マーク・ブレッチャー、パット・チャーチランド、レイモンド・ゴスリング、ホレス・ジャドソン、サー・アーロン・クルーグ、ピーター・ローレンス、グラエム・ミッチソン、レスリーとアリス・オーゲル、V・S・ラマチャンドラン、そしてアレックス・リッチがいます。

私はまた、ホレス・バーロー、ジェームズ・バーネット、ジェラルド・ブリコーン、ブライアン・ディッケンス、リチャード・グレゴリー、ヴィクター・マクエレニー、マードック・ミッチソン、キャサリーン・ムーライ、オリバー・サックス、トム・スタイツ、そしてグレッグ・ウィンターに対して、短い会話ややりとりをしてくれたことに感謝します。私が質問をすることでいろいろ思いだしてくれたクリックの友人には、アリソン・オールド、ポーリン・フィンボウ、サメット・ジャムサイ、ドミニク・ミカエリス、ロバート・ニール、そしてニーゲル・アンウィンがいました。

さまざまな形態での実際的な援助に対して、ノーサンプトンでスー・コンステイブルとジョン・ピートに、ミルヒルでヴィヴ・ウッドに、ハヴァントでデイヴィッド・ウィレッツとベリー・マーシャルに、海軍についてティム・ローレンス、ステファン・プリンス、アンガス・コリングウッド・キャメロン、そしてピート・グッドイヴに、ケンブリッジでマーガレット・ビーストンとサー・マーチン・リーズに、ウェルカムトラストでヘレン・ウェイクリー、ジュリア・シェパード、リチャード・

アスピン、トレーシー・ティロッソン、そしてレスリー・ホールに、コールドスプリングハーバーでジャンとフィオーナ・ウィトコウスキー、ブルースとグレース・スティルマン、デイヴィッドとジョディー・スチュワート、ミラ・ポロック、そしてモーリーン・ベレジュカに対して感謝します。ほかにさまざまな面で助けてくれた人に、スティーブ・バディアンスキー、エロール・フリードバーグ、ジョージナ・フェリー、リチャード・ヘンダーソン、アナベル・ハックスレイ、ジェシカ・カンデル、リチャード・リページ、ニコス・ロゴテティス、ブレンダ・マドックス、ジョン・マクエウィン、トビー・メグチャイルド、オリバー・モートン、アマンダ・ニードパス、マーチン・パッカー、トマソ・ポッジオ、J・H・プリンネ、デイヴィッド・ロバーツ、ヘンリー・トッド、スー・トッド、そしてクリスチン・トリマーがいました。多くの論文を探しだし、素晴らしい技術と速さでコピーしてくれたことに対して、ポーラ・マクエワンに感謝します。印刷やそのほかの実際的な援助に対して、ユーニス・リドレーとジェーン・コーウェルに感謝します。ロバート・オルビーは、優れたユーモアで、彼の主題に立ち入ることを許してくれました。ジョン・キンボールに対して、七五ページの図を複製する許可を与えてくれたことに感謝します。

フェリシティー・ブライアンは、私とフランシスの著作権代理人でしたが、私にこの本を書くように勧めてくれました。彼女とピーター・ギンズバーグに対して、そう説得してくれたことを、そしてジェームズ・アトラスとテリー・カーテンに対して、励ましと編集上の知恵を与えてくれたことを感謝します。オディール・クリック、マイケル・クリック、アニヤ・ハールバート、クリストフ・コッホ、グラエム・ミッチソン、アレックス・リッチ、ジャン・ウィトコウスキー、そしてジム・ワトソンに対して、本書の初期の草稿について、親切なコメントをいただいたことを感謝します。

私は、フランシス・クリックと一緒に働いていた私の妻であるアニヤ・ハールバート教授を通して、一九八五年にはじめて彼に会いました。それは彼女が私にしてくれた多くの素晴らしいことの一つです。

訳者あとがき

私は一九九九年にアメリカのスクリプス研究所に留学しましたが、すぐ隣のソーク研究所にフランシス・クリックがいました。幸いにも、クリックにお目にかかる機会にも恵まれました。それまで、DNAの二重らせんモデル提唱者の一人という漠然とした印象しかありませんでしたが、実在のクリックを前にし、発言や行動を目の当たりにするにつれ、私は、彼の科学に対する真摯な姿勢に強く惹かれていきました。一方で、彼は愛車のメルセデスベンツに「ATGC」というナンバープレートをつけ、研究室のドアには「ソーク研究所　フランシス・クリック」と日本語で書かれたネームプレートを掲げるような茶目っ気ももちあわせた人物でした。

二〇〇四年七月、クリック逝去のニュースを受けたその日、留学先の研究室の友人たちとクリックについて語りあったことが昨日のことのように思いだされます。二重らせんモデルの後も、遺伝暗号の発見に果たした重要な貢献はもとより、脳科学に転向し、新しい概念を生みだしてきたクリックは、本書の著者マット・リドレーも書くように、ガリレオ、ダーウィン、アインシュタインと並び称される天才であって、彼なしに今日の分子生物学の隆盛はありえなかったでしょう。

二〇一六年のクリック生誕一〇〇周年を前に、生誕から一世紀を超えないこのタイミングで、本書

"Francis Crick: Discoverer of the Genetic Code" (Atlas Books; 1st edition, 2006) を翻訳する機会をいただき、大変光栄に思っています。私自身、生前のクリックから多大な影響を受けましたが、本書を訳し進めると、クリックについての新たな発見もありました。単なる伝記の枠を超え、クリックの生涯を通して、科学という知の営みの尊さを多くの人に届けられれば幸いです。

ジェームズ・ワトソンの『二重らせん』(江上不二夫・中村桂子訳、講談社)や『二重螺旋　完全版』(青木薫訳、新潮社)、また本書にも出てくるクリック自身の著書をはじめ、分子生物学の創成については、数多くの書籍が出版されています。こうした著作の中で、マット・リドレーによる本書は、鋭い筆致で稀代の生命科学者フランシス・クリックの人生をコンパクトに描いているのが特徴でしょう。この分量の中に、クリックの人生をここまで濃密に書きえたのは、リドレーの才能があってこそです。『ゲノムが語る23の物語』(中村桂子・斉藤隆央訳、紀伊國屋書店)や『赤の女王』(長谷川眞理子訳、早川書房)、『繁栄』(大田直子・鍛原多惠子・柴田裕之訳、早川書房)などの科学啓蒙書で有名なマット・リドレーが、あえてクリックの伝記を描いているのも、科学者としてのクリックの偉大さを十分に認識しているからだと思います。動物学の分野で博士号をもつリドレー自身の科学への眼差しは深く、クリックの生涯の瞬間瞬間を見事に記述しています。また本書には、本文以外にわずか二つの図しか加えられていません。「DNAの二重らせんモデル」(七五ページ)と「遺伝暗号表」(一五五ページ)ですが、この二つこそ、クリックが残した最大の遺産であり、分子生物学創設の極印として、いつまでも輝きを放ち続けるでしょう。きわめてシンプルな構成の中にも、リドレーのメッセージが響きわたっている気がします。さらに本書は、二〇〇七年にアメリカ科学史学会から“Watson Davis and Helen Miles Davis Prize”を受賞しているように、広く一般の読者や学生向けの秀逸な科学史の著作であるとも言えるでしょう。

科学自体の歴史を見れば明らかなように、科学は、本来は何かの役に立つということを超えて存在しており、知を愛する営みそのものが、人類共通の文化を形成してきています。クリックは、間違いなく、そのような態度で科学に対峙していました。ソーク研究所での式典の際に、息子のマイケルも語っているように、クリックは「有名になることも、裕福になることも、また、人気者になることも欲しなかった」のです。クリックは、まさに「生涯一科学者」を貫き、命が尽きる寸前まで、科学に身を捧げました。

私がクリックと直接お会いしたのは、彼がすでに八〇歳を超えた後でしたが、遺伝暗号研究者の端くれとして、クリックという存在そのものに圧倒されてしまいました。クリックは「ワトソン‐クリック」とセットで認識されていることも多く、一方、ワトソンはベストセラーになった『二重らせん』でも有名ですが、あのおもしろおかしく書かれたDNA二重らせん発見の顛末を、クリックが少なからず不快に感じていたことにも垣間みられるように、彼は科学者としての人生をひたむきに歩み続けることを選んだのでしょう。

フランシス・クリックの孫のキンドラ・クリックさんは、アメリカ・オレゴン州ポートランドでアーティストとして活躍されています。本書には現在の彼女を形作るきっかけとなるような話も描かれていますが、彼女の作風はまさにフランシス・クリックを思わせます。今回の日本語版のために、キンドラさんは序文を書いてくださいました。また、彼女から本書に関するいくつかの情報と貴重なお写真もいただきました。どうもありがとうございました。カバーに使用した写真も彼女からいただいたものであり、ソーク研究所のオフィスでのクリックです。最後に、本書を翻訳するにあたり、翻訳の素人の私に対し、辛抱強くアドバイスをくださり、編集をしてくださった勁草書房の鈴木クニエさんに心から感謝申しあげます。彼女の深いご助力なしに、本書の日本語版の刊行はありえませんでした。

二〇一五年六月

田村　浩二

索　引

か 行

さ 行

た 行

な　行

は　行

ま　行

や　行

ら　行

わ 行

著者　マット・リドレー（Matt Ridley）
1958年英国生まれ。サイエンスライター。オックスフォード大学モードリンカレッジ卒業後、同大学院で動物学の博士号を取得。『エコノミスト』誌ほかの科学担当記者を経て、英国国際生命センター・所長、コールドスプリングハーバー研究所・客員教授等を歴任。『ゲノムが語る23の物語』（紀伊國屋書店）、『赤の女王』『繁栄』（ともに早川書房）をはじめとする著書多数。

訳者　田村浩二（たむらこうじ）
1965年茨城県生まれ。東京大学理学部物理学科卒業後、同大学院理学系研究科物理学専攻博士課程修了。博士（理学）。理化学研究所・研究員、米国スクリプス研究所・上級研究員等を経て、現在、東京理科大学・教授（基礎工学部生物工学科）。生命の起源・遺伝暗号の起源を主な研究テーマにしている。

フランシス・クリック　遺伝暗号を発見した男

2015年８月20日　第１版第１刷発行

著　者　マット・リドレー
訳　者　田《た》　村《むら》　浩《こう》　二《じ》
発行者　井　村　寿　人

発行所　株式会社　勁《けい》　草《そう》　書　房

112-0005　東京都文京区水道2-1-1　振替　00150-2-175253
（編集）電話　03-3815-5277／FAX　03-3814-6968
（営業）電話　03-3814-6861／FAX　03-3814-6854
堀内印刷所・松岳社

ISBN978-4-326-75055-9　　Printed in Japan

A・ホッジス
土屋俊ほか訳
エニグマ　アラン・チューリング伝　上・下
四六判　各巻　二七〇〇円

M・バーンバウム
ニキリンコ訳
アノスミア　わたしが嗅覚を失ってからとり戻すまでの物語
四六判　二四〇〇円

W・フィッシュ
山田圭一監訳
知覚の哲学入門
A5判　三〇〇〇円

T・クレイン
土屋賢二監訳
心は機械で作れるか
四六判　四一〇〇円

H・ロス、C・プラグ
東山篤規訳
月の錯視　なぜ大きく見えるのか
A5判　三七〇〇円

＊表示価格は二〇一五年八月現在。消費税は含まれておりません。